"十四五"新闻传播学融媒体系列教材

Introduction
of Network Literacy

网络素养导论

方增泉　祁雪晶◎著

北京师范大学出版集团
BEIJING NORMAL UNIVERSITY PUBLISHING GROUP
北京师范大学出版社

图书在版编目（CIP）数据

网络素养导论/方增泉，祁雪晶著. —北京：北京师范大学出版社，2025.3

（"十四五"新闻传播学融媒体系列教材）

ISBN 978-7-303-29613-2

Ⅰ.①网… Ⅱ.①方… ②祁… Ⅲ.①计算机网络－素质教育－高等学校－教材 Ⅳ.①TP393

中国国家版本馆 CIP 数据核字（2023）第 234553 号

WANGLUO SUYANG DAOLUN

出版发行：北京师范大学出版社 https：//www.bnupg.com
　　　　　北京市西城区新街口外大街 12-3 号
　　　　　邮政编码：100088

印　　刷：北京盛通印刷股份有限公司
经　　销：全国新华书店
开　　本：787 mm×1 092 mm　1/16
印　　张：14.5
字　　数：270 千字
版　　次：2025 年 3 月第 1 版
印　　次：2025 年 3 月第 1 次印刷
定　　价：59.80 元

策划编辑：李　明　　　　　责任编辑：肖　寒
美术编辑：李向昕　　　　　装帧设计：李向昕
责任校对：段立超　陈　民　　责任印制：马　洁

前　言

如今，移动互联网已深刻嵌入我们的日常工作、学习和生活中，我们每天都在数字时代的信息高速路上奔跑。网络素养是每个公民在信息高速路上的"驾驶证"和畅游网海的"通行证"。

联合国教科文组织于2013年提出"媒介与信息素养"（Media and Information Literacy，MIL）的概念。它是指大众（尤其是年轻人）在新时代应具有的一系列能力：寻找传媒信息的能力；认识、分析、整合传媒信息的能力；使用及创造传媒信息的能力，使之能够参与或从事个人和社会活动，明确媒介与信息素养的性质、内容和目标。移动互联网在影响人们社会生活各方面的同时，也承载了包含数字技术、资源整合、信息传播等多个维度的通路。网络素养是基于媒介与信息素养，叠加社会性、交互性、开放性等网络特质，最终构成的一个相对独立的概念范畴。

网络素养具有三个鲜明特点：第一，网络素养是一种能力。提升网络素养的目的是获得与媒介互动过程中的主动权，需要加强处理信息的意识，不被媒介所控制。第二，网络素养是一种视角。积极地运用媒介，不仅要对信息有所认识，而且要有意识地与之互动，批判地吸收和建构信息。通过网络素养这个视角，我们能够有效接触媒介、精准解读媒介信息的含义。第三，网络素养是一个发展性过程。我们获取信息，建立知识结构体系，不仅要从认知的角度，还要从情感、美学、道德等多维度进行思考。人们的网络素养水平千差万别，但通过学习和训练，网络素养水平会不断得到提高，从而更好地驾驭互联网。

提升公民的网络素养具有重要的时代意义，既是顺应数字时代要求，提升国民素质、促进人的全面发展的战略任务，又是弥合数字鸿沟、打造网络强国的关键举措。2021年10月，习近平总书记在中共中央政治局第三十四次集体学习时强调："要提高全民全社会数字素养和技能，夯实我国数字经济发展社会基础。"

基于认知行为理论，在连续三次大规模的青少年网络素养调查的基础上，我们组织编写了《网络素养导论》，深入分析了网络素养的六大维度的能力结构和影响因素，并提出了一些行之有效或正在探索中的措施。希望本书能够促进全民网络素养教育水平的提高，助力大中小学课内外网络素养教育活动的开展，让青少年在数字时代健康成长，这也是我们北京师范大学新闻传播学院网络素养研究团队长期以来坚守的初心和使命。

绪　论

一、概念辨析

(一) 媒介素养

"媒介素养"一词源于 20 世纪 30 年代，英国学者 F. R. 利维斯(F. R. Leavis)和丹尼斯·汤普森(Denys Thompson)在《文化与环境：批判意识的培养》(*Culture and Environment: The Training of Critical Awareness*)一书中首次提出将媒介素养教育引入学校课堂的建议，被认为是英国乃至世界关于媒介素养研究的开始。自此，"媒介素养"这一概念登上学术舞台，并且逐渐受到学界重视。

目前，虽然媒介素养研究有了长足发展，但尚未形成统一的概念。1992 年，美国媒介素养研究中心对此的定义是"人们面对各种媒介信息时的选择能力、理解能力、质疑能力、评估能力、创造和生产能力以及思辨的反应能力"。2005 年，英国通信管理局对媒介素养的定义是"在复杂社会情景下人们接触媒介、理解媒介和积极使用媒介进行创造性交流的能力"。加拿大安大略省教育局定义媒介素养"是学生理解和运用大众媒介方法，对大众媒介本质、媒介常用的技巧和手段以及这些技巧和手段所产生的效应的认知力和判断力"。

伴随着媒介技术的突破和人们认识的拓展，媒介素养的名称也不断变化，如屏幕教育、图像素养、电视素养、视觉传播、媒介批评等。进入信息时代，随着计算机及互联网快速发展，计算机素养、信息素养和网络素养等概念相继提出。进入 21 世纪，随着新媒介技术的发展，传统的媒介素养的内涵已经不能适应新的社会变化，新媒介素养的概念应运而生。美国新媒介联合会在 2005 年发布的《全球性趋势：21 世纪素养峰会报告》中将"新媒介素养"定义为："由听觉、视觉以及数字素养相互重叠、共同构成的一整套能力与技巧，包括对视觉、听觉力量的理解能力，对这种力量的识别与使用能力，对数字媒介的控制与转换能力，对数字内容的普遍性传播能力，以及对数字内容进行再加工的能力。"①

媒介素养向新媒介素养转变的同时，西方媒介素养研究也经历了从保护主义、培养辨别力、批判性解读到参与式文化的范式变迁，每一次范式的转换都与西方社会的变化、媒介技术的进步、文化研究和受众研究的变化密切相关。

有些学者还从媒介素养的定义出发，对媒介素养的内涵进行了进一步的探究。如林爱兵对传媒素养的内涵进行了细分，区分了传者素养、受者素养、媒介素养和媒体素养等概念；谢金文则把媒介素养分为认识大众传媒和参与大众传媒两个部分；张冠文和于健则认为媒介素养还包括"有效地创造和传播信息的素养"。栾轶玫认为媒介素养包含两方面主要内容："什么是信息"和"什么是媒介"。前者关系到如何找寻信息、判断信息、解读信息、运用信息，能够辨别信息的真伪和信息的优先级，能区分有效信息和干扰信息，能知晓自己和他人在信息中所处的位置，以此预判信息可能导致的行为。后者则包含已有的媒介类型以及随着新技术发展而新增的媒介类型、媒介运营、媒体融合、媒介与商业、媒介与政治、媒介与文化等多个方面，从而实现控制媒介对自己的消极影响并能将"媒介为我所用"，拓展自己的信息边界及行动能力。李月莲提出，在大众传媒及 Web1.0 时代、Web2.0 时代、Web3.0 时代，媒介素养教育的内涵应该有所发展，在 Web1.0 时代，媒介素养的教育目的是培养具备批判力的传媒消费者；在 Web2.0 时代，媒介素养的教育目的是培养精明的传媒消费者及负责任的传媒制作人；在 Web3.0 时代，媒介素养的教育目的是培养具备寻索、解读、使用及创造信息能力的知识工作者，具有高阶思维能力及道德内涵。②

在媒介素养研究过程中，"信息素养""数字素养"等一系列关系紧密的词语不断涌现。

(二)信息素养

1974 年，美国信息产业协会主席保罗·泽考斯基(Paul Zurkowski)最早提出"信息

---

① New Media Consortium, A Global Imperative: The Report of the 21st Century Literacy Summit, 2005.

② 李月莲：《媒介素养向前看：与"信息素养"和"信息及传播科技"整合》，第三届媒介素养教育国际学术研讨会论文，兰州，2012。

素养"的概念，他指出信息素养是利用大量的信息工具及主要信息资源使问题得到解答的技术和技能。在这一阶段，信息素养研究是指对信息的搜集检索和利用的能力。

随着互联网的发展，信息成为重要的社会资源，从信息延伸的个人素养——信息素养也逐渐被重视，不同学者、机构等对信息素养的认知展开进一步界定。1994年，澳大利亚格里菲斯大学的布鲁斯总结了具备信息素养的7个关键特征：(1)具有独立学习能力；(2)具有完成信息过程的能力；(3)能利用不同信息技术和系统；(4)有促进信息利用的内在化价值；(5)拥有关于信息世界的充分知识；(6)能批判性地处理信息；(7)具有个人信息风格。1998年，美国图书馆协会发表《信息素养教育进展报告》，提出被普遍认同的信息素养的定义为"作为具有信息素养能力的人，必须能够充分地认识到何时需要信息，并有能力去有效地发现、检索、评价和利用所需要的信息"[①]，这一概念包含信息意识和信息能力两个维度。同年，美国学校图书馆员协会和美国教育传播与技术协会发布了"K-12学生信息素养标准"，制定针对中学生的九大信息素养标准：(1)能有效地和高效地获取信息；(2)能熟练地、批判性地评价信息；(3)能精确地、创造性地使用信息；(4)能探求与个人兴趣有关的信息；(5)能欣赏作品并进行创造性表达；(6)能在信息查询和知识创新中做得较好；(7)能认识信息对民主化社会的重要性；(8)能履行与信息和信息技术相关的符合伦理道德的行为规范；(9)能积极参与活动探求和创建信息。这些标准主要涉及获取和利用信息的能力和信息行为规范两个方面。从这个阶段开始，信息素养逐渐形成明确的界定标准。

2001年，美国教育技术首席执行总裁论坛提出信息素养涉及信息的意识、信息的能力和信息的应用，认为信息素养是一种综合能力。信息素养涉及人文、技术、经济、法律等诸多方面的能力，和许多学科有着紧密的联系。信息素养的重点是内容、传播、分析，包括信息检索以及评价等。2011年，英国国立与大学图书馆协会提出信息素养七要素，即识别、审视、规划、搜集、评估、管理、发布，每个指标都由应知和应会两个部分组成。这些指标被广泛借鉴，成为判断网络信息利用能力的标准。

信息素养的概念不断被补充和扩展，以适应时代的要求。在信息素养研究中，学者Lee以Web of Science数据库中1956年至2012年的相关文献为数据来源，实证探究

---

① A Progress Report on Information Literacy: An Update on the American Library Association Presidential Committee on Information Literacy Final Report, Michigan, Association of College and Research Libraries, 1998.

了信息素养和媒介素养之间的区别和联系：两者分别来自图书馆管理学和媒介研究等不同领域，信息素养更多地涉及信息的存储、处理和使用，媒介素养更关注媒介内容、媒体产业和社会效应等。① 学者韩永青持同样观点，认为两者首先在历史起源和学科背景方面存在差异，其次两者在概念、内涵、研究范围方面也存在相似性。媒介素养与信息素养均强调对信息的获取、评估、判断和使用等能力，这使得二者具有某种天然的一致性，随着网络媒介与数字技术的发展并广泛渗透人类社会生活，信息传输的速度与比率呈指数级增长，媒介素养和信息素养出现了不断融合的趋势。②

从上述关于信息素养的概念界定以及信息素养的标准来看，信息素养是具有广泛含义的综合性概念，不仅包括利用信息工具和信息资源的能力，还涉及获取信息、认知信息、处理信息、管理信息、传播信息、创造信息等方面的能力。此外，其还涉及个人独立自主学习的态度、批判精神以及强烈的社会责任感和参与意识，在提出创新性方法和解决实际问题方面具备的综合的信息素养能力。

如今，随着5G、物联网、大数据、人工智能等多元技术的发展，产生了海量的信息数据，催生了数据化社会。在复杂且流动的数据和社会中，信息素养不再仅限于信息技术的使用技能，还包含信息搜索、信息筛选、信息处理、信息运用、信息传播、信息创造等多个部分。

（三）数字素养

随着数字技术的发展，互联网中的个人素养在当今时代有新的发展，由此产生了数字素养。在多种素养交叉与融合的背景中，数字素养是媒介素养、信息素养等相关素养概念在数字时代的升华与拓展。

为促进公民数字素养发展，欧盟于2011年开始实施"数字素养项目"，这一项目建立了数字素养框架，包括信息域、交流域、内容创建域、安全意识域和问题解决域5个素养领域，呈现一种多维立体结构，具有多元适用性。欧盟数字素养框架研究基于教育政策研制与科学的决策方法论，在内容上体现了将素养理解为知识、技能和态度的跨学科领域复合体素养观。欧盟坚持数字素养的理论研究与实证研究并进，既保持持续跟踪研究的连贯性，又体现研究的宏观系统性。2018年，欧盟将"数字素养"

---

① Clement So, Alice Y. L. Lee, "Media Literacy and Information Literacy: Similarities and Differences," *Comunicar*, 2014, 21(42).
② 韩永青：《试论媒介素养与信息素养的融合》，载《新闻爱好者》，2016(02)。

界定为在学习、工作和参与社会中自信地、具有批判性地和负责任地使用数字技术，包括信息和数据素养、沟通和协作素养、媒体素养、数字内容创作（包括编程）素养、安全（包括数字福祉和与网络安全相关的能力）素养、知识产权相关素养、问题解决素养和批判性思维等。2022 年，欧盟发布了新版"数字技能指标"（DSI 2.0），更新了各项能力在知识、技能和态度方面的案例，具体包括"信息与数据""交流与合作""数字内容创建""安全""问题解决"几个方面。

在数字素养研究领域，具有权威地位的是以色列学者 Yoram Eshet-Alkalai 提出的数字素养概念框架。该框架的前四类素养，即"图片—图像素养"（photo-visual literacy）、"再生产素养"（re-production literacy）、"分支素养"（branching literacy）和"信息素养"（information literacy），都涉及个体对数字多媒体信息的认知、理解和再生产方面的能力，而第五类"社会—情感素养"（social-emotional literacy）指在数字媒介构成的虚拟环境下人与人之间的情感交流能力。他认为，"社会—情感素养"是所有技能中最高级、最复杂的素养。"社会—情感素养"的培养要求个体有高度的批判性能力和分析能力、成熟的心理素质以及良好的信息和视觉技能。

在数字素养教育层面，闫广芬和刘丽基于欧盟国家对于教师数字素养框架的比较分析，指出教师数字素养框架的核心构成要素为：数字化教学、数字化内容创造、数字化交流协作、数字化安全、数字化评估。[1] 在特定群体的数字素养研究层面，苏岚岚和彭艳玲探索性构建包括数字化通用素养、数字化社交素养、数字化创意素养和数字化安全素养 4 个方面在内的农民数字素养评估指标体系，并提出全方位提升农民数字素养水平、完善多元主体协同共治的策略体系、优化乡村数字治理的配套支撑机制等政策建议。[2]

2021 年，中央网络安全和信息化委员会办公室发布《提升全民数字素养与技能行动纲要》，明确提出到 2025 年全民数字化适应力、胜任力、创造力显著提升，全民数字素养与技能达到发达国家水平，2035 年基本建成数字人才强国，全民数字素养与技能等能力达到更高水平，高端数字人才引领作用凸显，数字创新创业繁荣活跃，为建成网络强国、数字中国、智慧社会提供有力支撑。2022 年 12 月，教育部颁布《教师数

---

[1]　闫广芬，刘丽：《教师数字素养及其培育路径研究——基于欧盟七个教师数字素养框架的比较分析》，载《比较教育研究》，2022(03)。

[2]　苏岚岚，彭艳玲：《农民数字素养、乡村精英身份与乡村数字治理参与》，载《农业技术经济》，2022(01)。

字素养》教师行业标准，制定了教师数字素养框架，即教师适当利用数字技术获取、加工、使用、管理和评价数字信息和资源，发现、分析和解决教育教学问题，优化、创新和变革在教育教学活动中应具有的意识、能力和责任，并将数字素养分为5个维度，即数字化意识、数字技术知识与技能、数字化应用、数字社会责任、专业发展。可见，数字素养已成为当代个体在数字化时代生存的重要能力，而青少年作为参与数字实践活动的重要群体，提升其数字素养是现实的迫切需要。

二、网络素养概念的由来和发展

(一) 网络素养的定义

随着网络技术的飞速发展，人们使用各种网络媒介的频率日益增加，网络媒介对人们的影响日益加深，学界对网络素养的研究也随之展开。

1994 年，美国学者 McClure 首先用"网络素养"（network literacy）的概念来描述个人"识别、访问并使用网络中的电子信息的能力"[①]，其中，知识与技能是大众网络素养最重要的两个方面。1995 年，美国加利福尼亚州立大学认为网络素养是图书馆素养、计算机素养、媒介素养、技术素养、伦理学、批判性思维和交流技能的融合。1999 年，学者 Selfe Cynthia L. 对于"计算机素养"（computer literacy）和"技术素养"（technological literacy）两个概念进行了区分，认为计算机素养是人们使用计算机、软件或网络的机械技能；而技术素养是电子环境背景下一系列包含社会和文化因素的价值观、实践和技巧的复杂的操作语言。[②] 2000 年，Silverblatt 丰富了网络素养的内容，认为网络素养包含可以决定自己的网络消费、知道网络传播的基本原理、认识到网络对社会与个人的影响、可以分析和探讨网络信息的策略、提升网络内容的享受、理解和欣赏能力以及解读网络媒介文本和文化这 7 个方面的能力。2002 年，学者 Savolainen 则从社会认知理论出发，对网络素养进行了系统梳理，提出了"网络能

---

① McClure C. R., "Network Literacy: A Role for Libraries?," *Information Technology and Libraries*, 1994, 13(02).

② Selfe Cynthia L., *Technology and Literacy in the Twenty-first Century*, Carbondale, Southern Illinois University Press, 1999.

力"（network competence）的概念，认为网络能力包含互联网信息资源中的知识、使用工具获取信息的能力、判断信息的相关性的能力、沟通能力4个方面。[1]

如今，网络技术的快速发展建构了具有复杂性、多元性、易变性的网络传播环境，重构了社会信息传播系统。在网络持续迭代变化的背景下，个人如何在网络世界中认知网络、使用网络、管理网络等成为网络时代的新课题，基于网络环境的网络素养逐渐受到重视。

2002年，卜卫提出，网络素养的培养应该使青少年能够具备对信息批判的反应模式、发展关于媒介的思想、提高对负面信息的免疫能力、学会有效地利用大众传媒帮助自己成长、使用和管理计算机网络、创造和传播信息以及保护自己上网安全的能力。[2]

燕荣晖在"素养"一词的基础上引申出网络时代的媒介素养，即网络素养的定义是指人们正确地判断和估计媒介讯息的意义和作用，有效地创造和传播信息的素养，具体而言，就是对网络的内容与形式的识辨能力、批判能力、醒觉能力、管理能力和创制能力。[3]

陈华明等从网络使用的技能层面定义网络素养，并指出其重要性，认为网络素养是网络用户正确使用和有效利用网络的一种能力，是在与网络的接触与交往中所习得的技巧或能力，是现代人信息化生存的必备能力。[4] 信息时代青少年应该具备的网络素养包括了解计算机和网络的基本知识，对计算机网络及其使用有相应的管理能力；发现和处理信息的能力；创造和传播信息的能力；保护自己安全的能力；发现并利用网上有利于自己成长的信息或功能，有效地利用网络促进发展的能力。

贝静红在网络使用基础上从个人对网络的认知、批判、管理等综合层面延伸了网络素养概念，认为网络素养是网络用户在了解网络知识的基础上，正确使用和有效利用网络，理性地使用网络信息为个人发展服务的一种综合能力。它包括对网络媒介的认知、对网络信息的批判反应、对网络接触行为的自我管理、利用网络发展自我的意识，以及网络安全意识和网络道德素养等各个方面。[5]

---

① Savolainen R. , "Network Competence and Information Seeking on the Internet," *Journal of Documentation*, 2002, 58(02).

② 卜卫：《媒介教育与网络素养教育》，载《家庭教育》，2002(11)。

③ 燕荣晖：《大学生网络素养教育》，载《江汉大学学报》，2004(01)。

④ 陈华明，杨旭明：《信息时代青少年的网络素养教育》，载《新闻界》，2004(04)。

⑤ 贝静红：《大学生网络素养实证研究》，载《中国青年研究》，2006(02)。

黄永宜认为，网络素养不仅包括对网络知识的基本了解和使用网络获取信息的能力，还包括对网络信息价值的认知和筛选能力、对网络信息的解构能力、对网络世界虚幻性的认知能力、建立网络伦理观念的能力、网络交往的能力和认识网络双重性影响的能力等。①

Livingstone 认为网络素养主要是指人们接近、分析、评价和生产网络媒介内容4 个方面的能力，这 4 个方面的能力不是此消彼长的，而是相辅相成的。②

Lee 和 Chae 在一项针对儿童的网络素养调查中提出，网络素养指的是访问、分析、评估并创建在线内容的能力。③

李宝敏则是从儿童的角度来定义网络素养，她认为网络素养是儿童在网络生活中所必备的素养，是儿童在网络世界的主动探究中建构形成与发展的，是儿童在多元网络文化实践中不断提高的修养以及儿童在网络空间的自我发展能力，从而实现高质量有意义网络生活的目标，即实现儿童在网络生活中"会探究、会学习、会合作、会交流、会创造、会生存"的目标。④

黄发友指出，网络素养是指在利用网络过程中所应具备的基本素养，即在正确认识网络媒介的基础上，理性获取、评价、利用、传播和创新网络信息，为自身成长和发展服务的意识、能力、修养和行为观念，主要包括网络识辨素养、网络应用素养、网络道德法律素养和网络安全素养等。⑤ 培育网络素养是促进正确认识和合理使用网络的重要途径。

叶定剑认为，网络素养是指人们认识网络、使用网络和改变网络的能力⑥，只有能够正确地、积极地利用网络资源，具有高度的网络安全意识、较强的网络技术水平、严格的网络守法自律习惯、高尚的网络道德情操以及引领大家共同参与网络建设的能力才能被称作具有较好的网络素养。

① 黄永宜：《浅论大学生的网络媒介素养教育》，载《新闻界》，2007(03)。

② Livingstone S. , "Engaging with Media：A Matter of Literacy？," *Communication Culture & Critique*, 2008, 1(01).

③ Lee S. , Chae Y. , "Balancing Participation and Risks in Children's Internet Use：The Role of Internet Literacy and Parental Mediation," *Cyberpsychology, Behavior and Social Networking*, 2012, 15(05).

④ 李宝敏：《儿童网络素养研究的缘由、意蕴与实践路径》，载《全球教育展望》，2010(10)。

⑤ 黄发友：《大学生网络素养培育机制的构建》，载《北京邮电大学学报》(社会科学版)，2013(01)。

⑥ 叶定剑：《当代大学生网络素养核心构成及教育路径探究》，载《思想教育研究》，2017(01)。

结合相关研究，方增泉课题组认为网络素养是人们对网络世界的信息、事件和情境的认知和行为能力，具体包括上网注意力管理能力、网络信息搜索与利用能力、网络信息分析与评价能力、网络印象管理能力、网络安全与隐私保护能力、网络价值认知和行动能力、情感体验和审美能力等。随着网络技术的快速发展，网络素养从互联网使用工具获取信息的能力、判断信息的相关性的能力、沟通能力这几方面的计算机能力素养，发展到在了解网络知识的基础上，正确使用和有效利用网络，理性地使用多媒体网络信息为个人发展服务的综合能力。随着网络技术流变、网络文化变化等，网络素养概念的内涵和外延得到不断丰富和完善。

(二) 网络素养与媒介素养、信息素养、数字素养的关系

网络素养与媒介素养、信息素养等概念之间的关系也是许多学者关注的课题。在1994年，McClure认为信息素养是网络素养、媒介素养和计算机素养以及传统素养的结合，如图0-1所示。[①] 2000年，美国学校图书馆员协会认为，信息素养包含网络素养，指的是信息技术素养，即使用电脑、软件应用、数据库以及其他技术等来实现与工作和学术相关的目标能力。

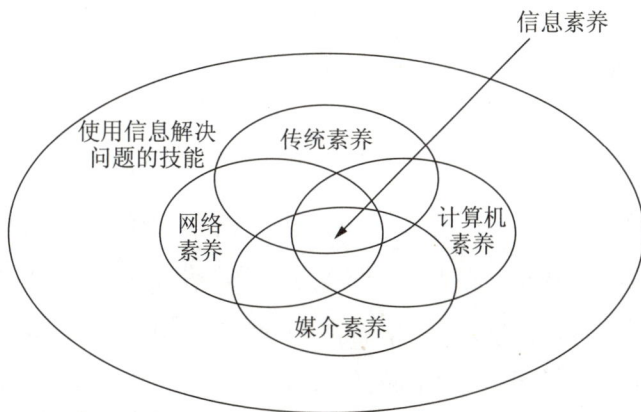

图 0-1　McClure 所提出的关于"网络素养"的图式

当前人们所面临的信息环境已发生了翻天覆地的变化，网络的承载能力也处于不断增量扩充的过程当中。2013年，王春生认为，信息素养是包括网络素养在内的相关

---

① McClure C. R. , "Network Literacy: A Role for Libraries?," *Information Technology and Libraries*, 1994, 13(02).

素养的基础，也是相关素养形成的源泉，可以将网络素养看作信息素养的"网络版"。① 学者们对于网络素养的讨论也正是信息素养关注的内容，如信息技术使用技能、评价信息所需要的辩证思维能力、使用信息所应遵守的伦理观念等。在高速发展的信息社会中，信息素养是人的一种元素养，对于网络素养的提高也需要借助信息素养来完善②，这进一步明确了信息素养和网络素养之间的关系。

欧美国家则倾向于使用"数字素养"（digital competence）一词，以"数字"取代"信息"能够更加凸显现代信息技术区别于以往信息技术的数字化本质。如今的网络包含数字技术、资源整合、信息传播等多个维度，网络素养也应该包含媒介素养、信息素养、数字素养等，再叠加社会性、交互性、开放性等网络特质的更加广泛的研究范围。我们应该站在更加宏观的现实语境和社会土壤中去理解网络素养，如图 0-2 所示。

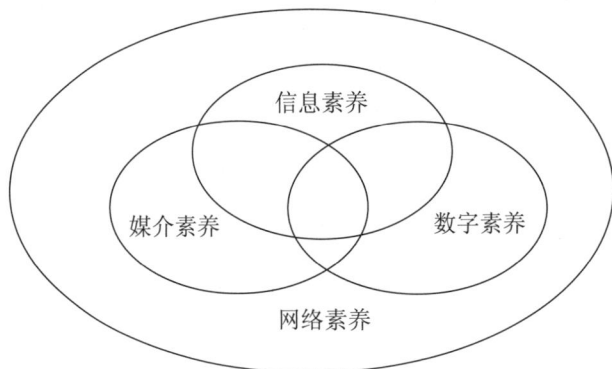

图 0-2 关于"网络素养"的新图式

在国际范围内，网络素养的概念也备受关注，各国教育部门与媒体机构纷纷将网络素养教育作为信息时代提升青少年上网能力、保障网络安全的重要手段。新加坡是网络素养教育水平较高的国家之一，前瞻性地使用了"cyber wellness"一词代指"网络素养"，使其超越了"网络健康"的字面释义，认为网络素养应包括对于网络信息的辨别能力、避免网络侵害的自我保护能力、尊重和保护他人的警觉性以及对于网络如何影响个人和大众的认知能力。③

联合国教科文组织于 2013 年发布的《全球媒体和信息素养评估框架》，将"媒体与

---

① 王春生：《元素养：信息素养的新定位》，载《图书馆学研究》，2013(21)。

② 同上。

③ A Report by The Advisory Council on the Impact of New Media on Society, Engaging New Media: Challenging Old Assumptions.

信息素养（media and information literacy）"定义为一组能力，认为它使公民能够使用一系列工具，以批判的、道德的和有效的方式获取、检索、理解、评估和使用、创造、分享所有格式的信息和媒体内容，以参与和从事个性化、专业化和社会化的活动。①

（三）网络素养的实践研究

随着网络媒介迅速发展，众多研究者开始网络素养的实践研究，比如越来越多的教育工作者认识到网络在青少年生活、学习中的重要作用，开始积极尝试将网络与教学结合起来，同时也在探讨网络素养与青少年的关系。

2006 年起，季为民与其团队组建了"中国未成年人互联网运用状况调查"课题组，以 18 岁以下的青少年为调查对象，对他们 10 年内使用互联网的态度、行为等方面展开了调查。调查结果反映出了青少年在使用网络上的特点与问题所在，也强调了正确引导青少年接触互联网媒体的重要性。

张洁等人以北京市东城区黑芝麻胡同小学为例，进行媒介素养教育校本课程实验。实验发现，国家教育政策调整和基础教育课程体系改革的不断推进，为媒介素养教育尽早融入中小学课程体系打开了大门。校长或学校管理层的决策在校本课程的开发中起着至关重要的作用，对媒介素养教育来说，先取得中小学校长的理解和认识，将成为下一阶段媒介素养教育实践能否迅速推广的关键。②

张海波以广州市少年宫为例，探究网络素养从多个方面推进我国基础教育课程体系。自 2006 年开始，广州市少年宫网络素养教育团队历经 10 余年，在媒介素养教育的基础上，推动面向学生、教师和家长的参与式网络素养教育，并推动网络素养正式进入广东省地方课程教材，进行大范围的教师培训，进校园、进家庭，实现了我国网络素养教育正式进入国家基础教育课程体系的突破。③

郑素侠以劳务输出大省——河南省的原阳县留守流动儿童学校作为研究案例，关注城乡发展中存在的留守儿童、人口流动等问题，将参与式传播的工作方法应用于农

---

① 程萌萌，夏文菁，王嘉舟，郑颖，张剑平：《〈全球媒体和信息素养评估框架〉（UNESCO）解读及其启示》，载《远程教育杂志》，2015（01）。

② 张洁，毛东颖，徐万佳：《媒介素养教育实践研究——以北京市东城区黑芝麻胡同小学为例》，载《中国广播电视学刊》，2009（03）。

③ 张海波：《推动网络素养进入我国基础教育课程体系——以广州市少年宫网络素养教育团队实践探索为例》，载《中国校外教育》，2021（01）。

村留守儿童的媒介素养教育中，考察参与式传播在帮助留守儿童重获自尊与自信、增强自身行动能力方面的赋权意义。[①]

田丽对未成年人网络素养及因素影响进行了探索研究。调查数据发现，未成年人的个人素养显著低于公共素养，自我学习与网络发展共同影响网络素养，以及自我认知越积极，网络素养越高。[②]

2018年起，共青团中央维护青少年权益部、中国互联网络信息中心（CNNIC）连续3年发布了《2018年全国未成年人互联网使用情况研究报告》《2019年全国未成年人互联网使用情况研究报告》《2020年全国未成年人互联网使用情况研究报告》，报告针对未成年人上网行为进行研究，聚焦未成年人互联网普及、网络接入环境、应用使用和利用网络进行自我保护等情况，重点总结出未成年人互联网使用趋势，并提出针对性的具体建议。

方增泉等人发布了《中国青少年网络素养绿皮书（2017）》[③]《中国青少年网络素养绿皮书（2020）》[④]《中国青少年网络素养绿皮书（2022）》[⑤]。2017年、2020年与2022年的数据基本保持稳定。2022年数据显示，青少年网络素养总体平均得分为3.56分（满分5分），比2020年增加了0.02分。

陈阳等借用布迪厄的"资本"概念，选择了河南省3个县下属的6所初中、高中进行问卷调查，考察信息和通信技术的接触和使用对于乡村青少年群体的意义。数据表明，乡村青少年的数字资本水平仍有提升空间，而"上网"能够为乡村青少年带来正面影响，帮助青少年建立起"强关系"与"弱关系"，积累更多社会资源。[⑥]

国外对于网络素养的研究和实践探索也在持续推进。在新加坡政府推进网络素养教育的过程中，政府对网络素养教育进行宏观层面的管理，微观则是将教材编写、教学任务等放手给专业人士和社会团体等承担。美国密苏里州哥伦比亚市的 Lee Elementary School 学校在网络素养教育的培养目标中提到，要培养儿童具备开放的视野、合作

---

① 郑素侠：《参与式传播在农村留守儿童媒介素养教育中的应用——基于河南省原阳县留守流动儿童学校的案例研究》，载《新闻与传播研究》，2014(04)。
② 田丽：《从"用上网"到"用好网"——未成年人网络素养及影响因素研究》，载《网络传播》，2020(04)。
③ 方增泉：《中国青少年网络素养绿皮书（2017）》，北京，中国传媒大学出版社，2018。
④ 方增泉：《中国青少年网络素养绿皮书（2020）》，北京，人民日报出版社，2021。
⑤ 方增泉：《中国青少年网络素养绿皮书（2022）》，北京，人民日报出版社，2022。
⑥ 陈阳，郭玮琪：《乡村青少年的数字资本与互联网使用研究》，载《新闻大学》，2022(08)。

共享的理念、强烈的责任意识，通过增强儿童网络实践能力，提升其自我发展能力。

加拿大建立了数字与媒体素养中心（Canada's Center for Digital and Media Literacy，又称 MediaSmarts），自 1996 年以来，MediaSmarts 一直在为加拿大家庭、学校和社区开发数字和媒体素养计划和资源。2015 年，网站发布了数字素养教育框架（digital literacy framework），并以此作为从幼儿园到初中阶段的数字素养教育指导标准。2016 年，MediaSmarts 修订了该框架，将高中阶段纳入其中，提出了 K-12 各个阶段的学生应具备的数字能力，并进一步明确了数字素养的内涵：数字素养是指学生在数字时代的行为能力，包括使用数字技术进行工作、学习、沟通、消费、获取信息和服务等。加拿大各省推进数字素养教育的政策表明，为了保证数字素养教育与其他课程融合，学校需要明确数字素养融入传统素养的方式，进而规定各个学科中数字素养教育的目标，以推进培养跨课程能力的数字素养融合模式的实施。

芬兰在 2006 年推出了媒介松饼项目（Media Muffin Project）。这一项目是"儿童与媒介计划"的一个具体举措，该项目的目标是利用儿童学前教育阶段以及学龄儿童课间活动来提高媒介素养意识，同时指导家长如何对儿童进行媒介教育。媒介松饼项目强调不限制学习媒介素养的最低年龄，教育者的任务是熟悉儿童的媒介环境，并及时提供安全的媒介经验。

三、网络素养的构成与测评体系

（一）网络素养的构成

2008 年，学者周葆华和陆晔在《从媒介使用到媒介参与：中国公众媒介素养的基本现状》一文中，澄清了关于媒介素养的操作化定义。他们认为，媒介素养由媒介信息处理和媒介参与意向两个维度组成，其中媒介信息处理包含思考、质疑、拒绝和核实四个维度。2013 年，学者彭兰也指出，对于公众来说，社会化媒体时代的媒介素养应该包括媒介使用素养、信息生产素养、信息消费素养、社会交往素养、社会协作素养、社会参与素养等。芮必峰也提出，新媒介素养涉及使用者的媒介认知、使用和理性交往 3 个方面。

随着互联网的进一步发展，网络素养成为被学界探讨的新的重要议题。关于网络素养的操作化定义和维度划分，也有很多学者提出了不同的看法。网络素养主要是指人们接近、分析、评价和生产网络媒介内容方面的能力。其中，"接近"是指人们通过何种途径以及如何使用网络媒介的能力，包括使用网络媒介的场所、渠道以及使用经验(时间和频次)。"分析"是指人们收集、处理和理解网络媒介信息的能力。"评价"是指人们根据已有知识背景，鉴别网络媒介信息真实性的能力，在某种程度上，这一能力是对网络使用者的"赋权"(empowerment)，使他们可以能动地处理媒介信息。"生产网络媒介内容"是指人们分享、制造、传播网络媒介信息的能力。网络素养各方面的能力不是此消彼长的，而是相辅相成的。

2007年，学者陈明月提出，网络素养包含认知、技能和情意3个层面，即在认知层面，要认识计算机网络的本质及特性；在技能层面，要具备使用网络搜寻、处理及传播信息的能力；在情意层面，要具备网络伦理的观念，以正确且安全地使用计算机网络。

2010年，学者Roman Brandtweiner、Elisabeth Donat、Johann Kerschbaum把网络素养划分为两个层面、4个方面的能力，分别是网络技能层面(接近和分析网络媒介的能力)和网络媒介知识层面(评价和生产网络媒介内容的能力)。网络技能作为接触和使用网络的基本能力，影响着人们能否平等地参与网络信息交往；网络媒介知识是人们认知和判断网络环境的能力，作为更高层次的能力，深刻地影响着人们的网络社会行为。2013年，美国学者Howard Rheingold创造性地将网络素养分为5个层面，即注意力、对垃圾信息的识别能力、参与力、协作力和联网智慧，并认为这5种网络世界的必备素养甚至具有改变世界的力量。[1] 2016年，Stodt B.等认为网络素养主要包括技术专长、反思和批判性分析、生产和互动、自我调节这4个维度。[2] 2018年，Bauer和Ahooeil将网络素养分为3个层级，即责任(responsibility)：意识、认识、应用；生产力(productivity)：管理、创作、评估；互动性(interactivity)：合作、参与、沟通。[3]

---

[1] [美]霍华德·莱茵戈德：《网络素养：数字公民、集体智慧和联网的力量》，张子凌，老卡译，北京，电子工业出版社，2013。

[2] Stodt B., Wegmann E., Brand M., "Predicting Dysfunctional Internet Use: The Role of Age, Conscientiousness, and Internet Literacy in Internet Addiction and Cyberbullying," *International Journal of Cyber Behavior, Psychology and Learning*, 2016, 6(04).

[3] Bauer A. T., Ahooeil E. M., "Rearticulating Internet Literacy," *Cyberspace Studies*, 2018, 2(01).

近年来，伴随在线交往的深入，人们对隐私性和亲密性的标准进行了重新调整，对网络素养和自身风险的管理提出了新的要求。网络隐私作为人们保护和控制自我网络信息的权利，是一种信息自决权；其内涵从消极的"私生活不受干扰"发展为能动的"自我信息控制"。① 网络素养被认为具有支持、鼓励和赋权人们控制和管理个人信息的能力，这种能力的差异直接影响人们认知网络风险环境的方式以及他们的隐私信息控制行为。所以，网络信息素养和信息安全是网络素养的天然性组成部分。伴随着互联网的持续发展和我国对于互联网环境治理的探索，信息安全(隐私)仅仅是网络中存在的诸多问题之一，网络暴力、群体极化、网络谣言危害程度持续增加等网生问题，使得青少年在网络上面对的风险不只是信息安全这一个方面。"如何看待网络规范""了解我国关于互联网的法律吗"等一系列关乎网络伦理道德和法律的知识也应该和信息安全一样被看作网络素养的一个维度。

尚靖君和杨兆山在 2012 年的研究中提出了对网络媒介素养概念的界定，他们认为，网络媒介素养是面对网络时应具备的基本素养，包括网络媒介意识、网络媒介知识、网络媒介能力和网络媒介道德。

韩国学者 Kim 和 Yang 将网络素养分为网络技能素养和网络信息素养两方面，认为网络技能素养是使用互联网所需要的一系列基本技能，网络信息素养则是个人筛选信息以达到某种需求的能力，包括搜索、收集、理解和评估内容。②

2017 年 12 月，千龙网网络素养学院与北京联合大学网络素养研究中心将网络素养划分为十项标准，包括网络基本知识能力、网络的特征和功能、高度网络安全意识、网络信息获取能力、网络信息识别能力、网络信息评价能力、网络信息传播能力、创造性地使用网络、坚守网络道德底线和熟悉常规网络法规。

学者们从不同的学科角度和实践经验出发对网络素养进行划分，使得网络素养的构成更加多样化、理论化。李宝敏从心理学角度将网络素养分为知识维、行为维、能力维、情意维。③ 网络素养的形成过程同时也是促进"知、情、意、行"协调整体发展的过程。

王伟军等人基于网络对青少年影响的视角，认为网络素养指的是个体网络生存与

---

① 刘德良：《个人信息的财产权保护》，载《法学研究》，2007(03)。

② Eun-mee Kim, Soeun Yang, "Internet Literacy and Digital Natives' Civic Engagement: Internet Skill Literacy or Internet Information Literacy?," *Journal of Youth Studies*, 2016, 19(04).

③ 李宝敏：《"互联网+"时代青少年网络素养发展》，27 页，上海，华东师范大学出版社，2018。

发展的综合素质，是个体对网络环境能够正确使用、良好适应、健康发展和探索创新的能力，具体应该包括网络知识，即认知网络环境与应用网络能力的成分；辩证思维，即批判反思辩证对待网络信息和人与网络关系的成分；自我管理，即对自我行为约束和避免网络伤害的成分；自我发展，即应用网络良好发展自我的意识与能力的成分；社会交互，即个人与网络社会交互影响的成分，包含创造与丰富信息、道德规范和他人交往五部分内容。[①]

林立涛以大学生为对象探究网络素养的内涵和路径，并将网络素养具体分为网络信息甄别能力、网络技术应用水平、网络使用行为习惯、网络道德水平和网络引导能级五个维度[②]，以此为基础提出开展大学生网络素养教育的具体方法。

(二) 网络素养的测评体系

在网络素养的评价方面，国内外学者们对于网络素养的评价方式和标准各有不同，有其侧重研究的方向和评价的角度。

Ngulube 通过构建起包括互联网使用建议、网络信息资源使用、互联网导航和搜索查询技能、评定互联网信息资源相关性、使用计算机进行沟通协作 5 个维度的量表来测量南非圣约瑟夫学院学生互联网使用的总体情况和学生的网络素养。[③]

Lee 基于 Web1.0、Web2.0 系统梳理了新媒体素养的概念，并根据这一定义提出了关于网络的功能性消费素养、批判性消费素养、功能性产出素养、批判性产出素养4 个基本框架及具体的操作化定义。[④]

Noh 在研究中使用了由汉阳大学开发的"数字素养评估工具"，将数字素养划分为技术素养、比特素养和虚拟社区素养三大板块，具体包括硬件和工具操作能力、Windows 使用能力、文档编辑和使用工具能力、网络浏览器使用能力、网络沟通能力、信息搜索能力、信息判断能力、信息编辑能力、信息处理能力、信息使用能力、网络社

---

① 王伟军，王玮，郝新秀等：《网络时代的核心素养：从信息素养到网络素养》，载《图书与情报》，2020(04)。

② 林立涛：《大学生网络素养教育》，18 页，上海，上海交通大学出版社，2023。

③ Ngulube, P., Shezi M.S., & Leach, A., "Exploring Network Literacy Among Students of St. Joseph's Theological Institute in South Africa," *South African Journal of Libraries and Information Science*, 2014(75).

④ Lee L., Chen D.-T. Li J.-Y. & Lin T.-B., "Understanding New Media Literacy: The Development of a Measuring Instrument," *Computers & Education*, 2015(85).

区活动参与能力、网络自我认同形成能力、网络人际关系取得能力、解决网络集体问题能力、网络文化创造能力，并将这份数字素养评价指标应用于对于大学生网络素养的评价。①

Stodt B. 提出了网络素养的四维概念，并开发出网络素养问卷（ILQ），从处理计算机和互联网应用程序专长、生成和互动互联网内容、反思和批判性分析互联网活动以及自我调节互联网影响这 4 个维度来测试个人的网络素养。②

吴晓伟等人设计了大学生网络信息素养能力量表，共包括 31 个题项，将网络素养能力标准初步设计为信息意识、信息技能（需求能力、获取能力、评价能力、组织管理与交流能力）、信息应用与创造、信息安全与道德共 4 个方面。③

李宝敏开发了儿童网络素养调查问卷，问卷分别从知识、能力、情意、行为四要素出发，调查儿童的网络素养认知、核心能力、外在网络行为以及情感态度与价值观。④

田丽等从认知、观念和行为 3 个层次出发，将网络素养分为信息素养、媒介素养、交往素养、数字素养、公民素养和空间素养 6 个方面⑤，据此开发出具有 24 个题项的量表并展开调查研究。

经过多年的实际调查和数据总结，方增泉团队将网络媒介知识、网络能力、非意识因素作为青少年网络素养的重要组成部分，其中非意识因素包含意识和道德两个方面。对于网络媒介知识的考察，可以借由媒介素养的操作化定义到网络素养定义的发展，一方面，把对网络内容的效果评价作为衡量维度之一，另一方面，网络媒介知识作为认知和判断网络环境的能力，是人们对上网环境和自身上网行为的认知基础。所以，我们在调查中引入媒介效果评估这一维度，以测量青少年网络媒介知识。在网络

① Noh Y. , "A Study on the Effect of Digital Literacy on Information Use Behavior," *Journal of Librarianship and Information Science*, 2016, 49(01).

② Stodt B. , Wegmann E. , Brand M. , "Predicting Dysfunctional Internet Use: The Role of Age, Conscientiousness, and Internet Literacy in Internet Addiction and Cyberbullying," *International Journal of Cyber Behavior*, *Psychology and Learning*, 2016, 6(04).

③ 吴晓伟，娜日，李丹：《大学生网络信息素养能力量表设计研究》，载《情报理论与实践》，2009(12)。

④ 李宝敏：《儿童网络素养现状调查分析与教育建议——以上海市六所学校的抽样调查为例》，载《全球教育展望》，2013(06)。

⑤ 田丽，张华麟，李哲哲：《学校因素对未成年人网络素养的影响研究》，载《信息资源管理学报》，2021(04)。

技能方面，我们侧重对网络信息能力的测量。网络信息安全、网络道德作为两个维度，既对青少年认知网络环境、相关认知水平、伦理道德进行考察，又对他们的网络行为进行研究，如网络隐私和信息保护行为等。

另外，荣姗姗于 2007 年的《安徽高校学生网络素养现状及其教育实践探究》中指出，对上网行为的自我管理能力，即对自身上网行为的自律，包括上网时间的自我管理、信息选择的自我管理、网络表现的自我管理，将有助于约束上网行为、减少行为偏差、培养正确的网络使用习惯。学者肖立新、陈新亮、张晓星在针对大学生网络素养的研究中也认为，网络自我管理能力是网络素养的组成部分。结合多年来调查的对象及多个实证研究来看，在使用网络的过程中，部分学生缺乏网络自我管理能力，没意识到网络自控力的重要性，网络行为自我管理能力普遍较差。据此可以引入网上自我管理能力作为青少年网络素养的组成部分之一，主要测量被试者的网上认知、情感和行为的自我管理和控制能力，这部分也是网络素养测评量表的第一部分。

随着社交网络的兴起，网上交友和在网上开展社交活动逐步成为青少年主要的上网目的。根据共青团中央维护青少年权益部、中国互联网络信息中心（CNNIC）联合发布的《2019 年全国未成年人互联网使用情况研究报告》显示，利用即时通信工具在网上聊天是未成年网民主要的网上社交活动，各学历段对比发现，未成年人的网上社交活动主要形成于初中阶段。结合有关学者的研究结果——印象管理是辨别青少年是否网络社交成迷的重要变量，我们可以在广义上把印象管理能力纳入网络素养的范畴。因此，我们可以假设，适度的网络印象管理能力是高水平的网络素养的体现，印象管理与自我控制、信息素养及价值认知等共同作用于青少年的网络素养水平。

综上所述，基于认知行为理论和调查研究，方增泉团队首创了青少年 Sea-ism 网络素养框架，将青少年网络素养分为 6 个模块进行调研：上网注意力管理能力与目标定位（online attention management）、网络信息搜索与利用能力（ability of search and utilize network information）、网络信息分析与评价能力（ability of evaluate network information）、网络印象管理能力（ability of network impression management）、网络安全与隐私保护能力（ability of network security）、网络价值认知与行为能力（ability of internet morality）。该框架共 15 个指标，通过 79 个题项进行测量。

四、网络素养的影响因素

对于网络素养的影响因素，目前学界的主流观点认为包含五大因素，即个体因素、家庭因素、学校因素、政府因素和社会因素，以下是对各影响因素的详细介绍。

(一) 个体因素

诸多学者认为学生在性别、年龄、受教育程度、社会背景等方面的人口统计学差异，会对其网络素养产生一定的影响。黄永宜认为，当代大学生已经把网络媒介当成获取信息的主要来源，每个人的知识储备、社会背景因素以及对不同事物的理解能力上的差异，导致大学生对于不同媒介信息的辨别能力存在一定的差异。[1] 周葆华、陆晔通过实证调查分析后发现，中国公众的媒介知识水平整体较低且存在差异，差异具体表现为：男性的媒介知识水平要高于女性；年轻人的媒介知识储备要比老年人高；受教育程度越高，掌握的媒介知识越多。[2] 杨浩项目组通过对东部地区某省市的初中生进行调查后发现，高年级学生信息素养总分显著高于低年级学生；城镇学生信息素养总分显著高于农村学生。[3] 田丰、王璐通过在全国范围内开展关于青少年网络技能素养的问卷调查并经数据分析，发现网络技能素养的发展与青少年自身生理、心理成熟的规律较为接近，都是随年龄和教育同增长的。[4]

个体所处的社会背景，特别是城乡差异、东西部区域差异，也会对青少年的网络素养水平高低产生影响。如郝辰宇通过对城市及农村的青少年进行深度访谈与问卷调查，分析了二元体制下城乡青少年网络使用情况及网络媒介素养的异同，发现城乡青少年在资讯评估能力、网络使用能力上存在显著差异。[5] 路鹏程、骆昊等人通过调查

---

[1] 黄永宜：《浅论大学生的网络媒介素养教育》，载《新闻界》，2007(03)。

[2] 周葆华，陆晔：《中国公众媒介知识水平及其影响因素——对媒介素养一个重要维度的实证分析》，载《新闻记者》，2009(05)。

[3] 杨浩，韦怡彤，石映辉，汪仕梦：《中学生信息素养水平及其影响因素研究——基于学生个体的视角》，载《中国电化教育》，2018(08)。

[4] 田丰，王璐：《中国青少年网络技能素养状况研究》，载《中国青年社会科学》，2020(06)。

[5] 郝辰宇：《城乡青少年网络媒介素养的比较研究——以商丘地区为例》，载《新闻爱好者》，2010(18)。

分析后发现，城乡青少年媒介素养的最大落差在于客观层面，即媒介接触和媒介使用层面。① 郑素侠在实证工作的基础上，发现电视成为多数留守儿童接触的唯一媒介(其次是网络)，大众传媒并未在农村留守儿童身上充分发挥信息传递和社会认知的作用，而更多地以情感慰藉的工具而存在。

(二) 家庭因素

家庭因素同样对青少年的媒介素养水平有着深刻的影响，学界的考察集中在父母受教育程度、父母的职业、父母与孩子的沟通方式、家庭的经济状况、家庭的网络媒介环境、家庭关系、家庭网络生活规范等方面。

韩璐认为影响青少年媒介素养的家庭环境因素可分为 5 个维度，分别为：(1)父母受教育程度对青少年的媒介素养水平有显著影响，父母的受教育程度越高，孩子的媒介素养也相应越高；(2)亲子间的沟通方式对青少年媒介素养水平有显著影响，"一致型"和"多元型"家庭沟通模式下的青少年媒介素养得分要高于"保护型"和"放任型"的家庭；(3)建立合理的家庭网络生活规范，会提高青少年的媒介素养水平；(4)家庭氛围越和谐，青少年的媒介素养水平越高；(5)亲子之间的关系越平等，青少年的媒介素养水平越高。② 陈晨同样认为，亲子关系融洽的个体网络素养更高，良好的家庭关系能够正确引导青少年合理使用网络。③

王贵斌、于杨在分析 Web of Science 中 2007 年到 2017 年发表的 444 篇互联网媒介素养研究论文后发现，青少年的媒介素养很大程度上由他们的出身所决定，也就是家长的受教育程度是关键性要素。④ Lynn 认为，互联网时代，家长中介理论需要进一步分析和探究。⑤

王倩课题组则分析了家庭媒介条件差异对子女媒介素养的影响，并提出了影响儿童媒介接触与使用的 3 个家庭因素：(1)家庭拥有媒介的种类及数量；

---

① 路鹏程，骆果，王敏晨，付三军：《我国中部城乡青少年媒介素养比较研究——以湖北省武汉市、红安县两地为例》，载《新闻与传播研究》，2007(03)。
② 韩璐：《自媒体环境下青少年媒介素养家庭影响因素的实证研究》，硕士学位论文，南京邮电大学，2016。
③ 陈晨：《亲子关系对青少年网络素养的影响》，载《当代青年研究》，2017(03)。
④ 王贵斌，于杨：《国际互联网媒介素养研究知识图谱》，载《现代传播(中国传媒大学学报)》，2018(07)。
⑤ Lynn S.C.，"Parental Mediation Theory for the Digital Age,"*Communication Theory*，2011，21(04).

（2）父母的媒介使用习惯与媒介素养水平；（3）父母对子女媒介行为的指导和参与情况。①

江宇通过调查研究分析指出，家庭社会经济背景和家庭传播环境也会影响青少年的媒介素养水平，而且由家庭社会经济背景、家庭传播环境等结构因素带来的媒介素养水平差距会在代内和代际间"重现"。② 卜卫通过调查后发现，家庭关系与儿童的媒介素养有一定关系，家庭关系与儿童使用电子游戏机的需要显著相关，家庭关系越不好，儿童越依赖电子游戏机以取得心理上的满足，放松自己。③

刘卫琴认为在家庭因素中，父母对孩子的媒体接触行为的态度直接影响孩子的媒介素养水平，如果父母对孩子的媒介接触行为持粗暴的禁止或限制则孩子媒介素养较低，而对孩子的媒体接触行为持开放和引导态度的家庭，孩子的媒介素养相对较高。父母经常了解孩子的媒体行为并与孩子讨论看到的媒介信息的家庭，孩子的媒介素养水平相对较高。④

（三）学校因素

学校教育是媒介素养教育的基础和关键，没有一种教育方式可以与学校系统化、规模化、正规化的教育方式相提并论。

在 20 世纪 70 年代，美国的加利福尼亚、夏威夷、纽约等州就将媒介素养教育纳入 1～9 年级的课程体系之中，或以独立课程的形式开设，或将媒介知识融进相关课程之中。⑤ 刘卫琴认为，学校的媒介条件、教师的媒介素养等均与学生的媒介素养存在显著的正相关关系，学校的媒介条件越好，教师在课堂上使用多媒体课件进行教学越频繁，学生的媒介素养就越高。⑥

---

① 王倩，李昕言：《儿童媒介接触与使用中的家庭因素研究》，载《当代传播》（汉文版），2012（02）。

② 江宇：《家庭社会化视角下媒介素养影响因素研究——以南宁市中学生及其父（母）媒介素养调查为个案》，博士学位论文，中国传媒大学，2008。

③ 卜卫：《关于儿童媒介需要的研究——以电视、书籍、电子游戏机为例》，载《新闻与传播研究》，1996（03）。

④ 刘卫琴：《初中生媒介素养及媒介素养教育研究——兼论美国媒介素养教育对我国的启示》，硕士学位论文，苏州大学，2015。

⑤ 陈晓慧，袁磊：《美国中小学媒介素养教育的现状及启示》，载《中国电化教育》，2010（09）。

⑥ 刘卫琴：《初中生媒介素养及媒介素养教育研究——兼论美国媒介素养教育对我国的启示》，硕士学位论文，苏州大学，2015。

一些学者发现，学校开设信息技术课的情况一定程度上会影响学生的媒介素养。杜海钰通过调查后发现，信息技术课会影响学生的媒介素养，上信息技术课时间越长的学生，信息素养水平越高。[①] Kohnen 等学者制定并评估了一项短期学校干预课程的效果，发现八年级学生经过课程研讨会干预后提高了对陌生网站可信度的评估能力，他们认为基于策略和技能的素养教育是有希望的，但必须与互联网的结构和在线来源的基本知识相匹配。[②]

田丽等人进行全国范围内的问卷调查，结果显示，教师对学生使用网络的态度、教授使用网络和自身网络使用行为，在很大程度上引导了未成年人使用网络，进而影响了未成年人网络素养水平。[③]

郭旭魁、马萍分析问卷调查结果后发现，城市中小学生媒介素养教育中，学校教育效果比较显著，学校在"信息技术"方面的课程有力地促进了城市中小学生的新媒介参与。[④]

此外，韩璐认为，学校推行的应试教育政策在一定程度上会影响媒介素养教育在我国的发展。应试教育更注重学生对知识点的记忆，而忽视学生对信息检索和筛选的能力；只注重教授相应的考试内容，而忽视考试以外的知识，从而在一定程度上制约了媒介素养教育的实施。[⑤]

(四) 政府因素

家庭因素、学校因素深刻影响着学生媒介素养水平，政府的重视和支持也是一个国家媒介素养教育长足发展的保证。2003 年，英国政府设置通信管理局负责管理英国的传媒业，确保英国范围内播放高质量的电视和广播节目内容；还和英国教育部合

---

① 杜海钰：《初中生信息素养水平现状调查与影响因素分析——以乌海市第四中学为例》，硕士学位论文，内蒙古师范大学，2014。

② Kohnen A. M., Mertens G. E., Boehm S. M., "Can Middle Schoolers Learn to Read the Web like Experts? Possibilities and Limits of a Strategy-based Intervention," *Journal of Media Literacy Education*, 2020, 12(02).

③ 田丽，张华麟，李哲哲：《学校因素对未成年人网络素养的影响研究》，载《信息资源管理学报》，2021(04)。

④ 郭旭魁，马萍：《城市中小学生新媒介素养对其网络参与的影响》，载《山西大同大学学报》(社会科学版)，2020(06)。

⑤ 韩璐：《自媒体环境下青少年媒介素养家庭影响因素的实证研究》，硕士学位论文，南京邮电大学，2016。

作，以确保有效地推动媒介素养教育的开展，提高英国公民的媒介素养。①

　　然而，Richard Wallis 和 David Buckingham 指出，自英国通信管理局成立以来，媒介素养教育领域已发生了一些显著的变化，但一些关键概念的混乱和不确定性依然存在，如媒介素养的定义、英国通信管理局的职权范围和定位、政策的推行方式等；当前英国的媒介素养教育仍只是保护青少年群体免受不良文化的侵害，没有实现更广泛的教育目的和推动社会民主的愿望；并未以学校课程等形式确定媒介素养教育推行的方式。②

　　德国科隆"青年电影俱乐部"媒体中心通过开展多种以影视广播、电脑网络、多媒体等媒介为载体的项目和活动，丰富青少年课余生活，以达到提高青少年媒介素养水平的目的。它运作和发展的基本经费主要来自科隆市政府民政教育局以及北莱茵-威斯特法伦州州政府青少年发展部，此外还有北莱茵-威斯特法伦州媒体机构、劳动局和公共服务部门提供的硬件场地支持。③

　　新加坡政府则通过各种有效途径，鼓励政府部门、传媒企业以及社会公益组织等开展各类针对青少年的网络素养教育活动和培训项目，以提升青少年网络素养和网络安全意识。新加坡的主要传媒企业都与政府有着较为密切的关系，这些企业根据政府的相关规定，开展行业自律，积极参与到提升青少年网络素养行动之中。④

　　相比之下，国内学界对于政府在青少年媒介素养教育中该扮演什么样的角色、发挥何种力量的具体研究还比较少，这与当前国内对青少年媒介素养教育还不够重视有很大的关系。季为民指出，政府出台的关于提升青少年网络素质教育的各项政策和措施仍处于推广和普及阶段，目前尚存在青少年网络素养水平衡量的测评体系缺失、相关政策和保障监管机制不完善的问题。⑤

　　在 2007 年举办的首届西湖媒介素养高峰论坛上，国内学者已提出，领导者应使

---

① 郭铮：《英国青少年媒介素养教育的实践与启示》，硕士学位论文，郑州大学，2014。

② Wallis R., Buckingham D., "Arming the Citizen-Consumer: The Invention of 'Media Literacy' within UK Communications Policy," *European Journal of Communication*，2013，28(05).

③ 柳珊，朱璇：《"批判型受众"的培养——德国青少年媒介批判能力培养的传统、实践与理论范式》，载《新闻大学》，2008(03)。

④ 耿益群：《新加坡网络舆情治理特色：重视提升民众的网络素养》，载《中国广播电视学刊》，2020(09)。

⑤ 季为民：《互联网媒体与青少年——基于近十年中国青少年互联网媒体使用调查的研究报告》，载《青年记者》，2019(25)。

政府议程、公共议程、媒介议程统一起来，更好地服务于公众、服务于社会。① 政府出台相关政策要求将信息化贯彻到教育各个方面，以指导和培养教师的信息素养。② 这将与前文提到的学校教育有所承接，教师信息素养的提高与培育青少年网络素养有关。

相关的探索与实践呈现出不错的成果。2019 年 3 月 19 日，由广东省网信办、广东省教育厅、广东省总工会、团省委、广东省妇联等单位联合印发的《2019 年争做中国好网民工程工作方案》中，专门将"开展少年儿童网络素养教育进校园、进家庭活动，推进网络素养教材修订、数字化应用和教师全员轮训及家庭教育工作，把网络素养教育纳入中小学课程体系和教师信息能力提升工程培训体系，切实提升师生和家长的网络素养水平"纳入其中，明确了网络素养教育作为公共教育课程在广东省范围内大力推广普及的实施路径和方法。2016 年年底，以"做中国好网民"为主题的小学生教育读本经该省教育厅审定被列入省地方课程教材，成为国内首本进入我国公共教育体系的本领域专题教材，受到了师生和家长的广泛好评。③

(五)社会因素

面对复杂的网络环境，网民尤其是青少年网民的媒介素养教育问题亟待解决，然而，媒介素养教育绝非靠一家之力就可完成，它需要社会各界力量的共同努力。

蔡珊珊提出，学校与社会的双边良性互动有助于推动青少年网络素养教育，社会的优质资源可助推青少年网络媒介素养教育的发展，主要包括：增强网络精英文化和优秀文化的影响；充分利用社会机构实施网络素养教育；扩展校外资源开发渠道，推动校外校内资源整合。④

朱顺慈通过与来自 4 个不同领域的 10 位专家进行深度访谈以及参加 3 个网络安全学术论坛后提出，儿科专家可以通过临床实践观察青少年的心理健康；社会工作者可以关注青少年通过接触风险(被欺负、骚扰、跟踪，和陌生网友见面)和参与风险活动(参与网络欺凌、违反法律、创建色情内容、援交、分享毒品信息)而出现的价值观

① 彭少健，宣德：《中国转型期媒介素养培育——"首届(2007)西湖媒介素养高峰论坛"综述》，载《中国广播电视学刊》，2007(05)。
② 洪雨：《中小学教师信息素养及其评价标准制定原则》，载《教育教学论坛》，2016(29)。
③ 张海波：《广东省中小学生网络安全及媒介素养教育研究和探索实践》，载《中国信息安全》，2019(10)。
④ 蔡珊珊：《学校与社会双边互动助推青少年网络媒介素养教育》，载《基础教育论坛》，2019(35)。

的混乱；IT 专家可以思考云技术发展导致的一切信息都可以被检索和追溯所带来的隐私权问题；教师担心网络监测技术的运用，这催生了社交媒体中沉默螺旋的产生，即学生不敢实名在互联网上发表不同的意见，因而转回匿名网络攻击的形式，最终威胁到言论自由。[①]

此外，社会教育机构在进行调研、提出切实可行的方案并实施方面发挥着重要作用。媒介素养的教育设计需要媒体学者和青少年专家交流合作，建设"教育性的社交网络"，鼓励年轻人提高道德上的警觉和网络互动中的社会意识。Jon Dornaleteche Ruiz 等学者考察了不同性别、不同年龄段、不同知识水平的西班牙公民在数字工具使用上的媒介素养差异，建议学术机构应设计具体的方案，缩小代际数字鸿沟，从青年时期就通过加强技术水平等方式赋权给女性，在网络上为全体公民提供有建设性的内容。

[①]　Donna Chu, "Internet Risks and Expert Views: a Case Study of the Insider Perspectives of Youth Workers in Hong Kong," *Information Communication & Society*, 2016, 11(01).

第一章　网络素养测评与影响因素

一、研究框架

基于认知行为理论，通过文献梳理和前测考察，我们把影响青少年网络素养的因素（自变量）划分为个人属性、家庭属性和学校属性3种类型，上网注意力管理能力、网络信息搜索与利用能力、网络信息分析与评价能力、网络印象管理能力、网络安全与隐私保护能力、网络价值认知和行为能力6个维度。

二、研究方法与指标体系

（一）研究方法

本次研究主要采用整群抽样调查的方式，以34所分布在我国不同省级行政区的中学作为样本框，再根据各学校的实际情况，从每一个学校随机抽取初中和高中不同班级的学生，组成实际调查对象，最终样本覆盖19个省、直辖市、自治区，来自七年级到高三的6个年级，以确保问卷数据的代表性。本次问卷调查采用纸质版问卷与电子版问卷结合的方式，收回纸质版问卷700份，电子版问卷8637份，共计收回问卷9337份。对收回问卷中有题目未作答及无效样本剔除后，最终确定有效问卷9125份，问卷调查研究的有效率为97.73%。

（二）样本构成

样本构成见表1-1。

表 1-1　样本构成

	变量分类	样本数	有效百分比(%)
性别	男	4608	50.5
	女	4517	49.5
年级	七年级	1961	21.5
	八年级	1866	20.4
	九年级	1813	19.9
	高一	1470	16.1
	高二	1219	13.4
	高三	796	8.7
地区	东部	3063	33.6
	中部	2105	23.0
	西部	3957	43.4
户口	城市	4925	54.0
	农村	4200	46.0
成绩	优秀	2375	26.1
	中等	5315	58.2
	下游	1435	15.7

(三) 指标体系

结合青少年媒介素养和网络素养的相关研究，本课题组把青少年网络素养分为 6 个维度："上网注意力管理能力""网络信息搜索与利用能力""网络信息分析与评价能力""网络印象管理能力""网络安全与隐私保护能力""网络价值认知与行为能力"，以及 15 个一级指标和 79 个题项进行测量(见表 1-2)。

表 1-2　网络素养指标体系

维度	一级指标	题项(数量)
上网注意力管理能力	网络使用认知	6
	网络情感控制	5
	网络行为控制	3

续表

维度	一级指标	题项(数量)
网络信息搜索与利用能力	信息搜索与分辨	6
	信息保存与利用	5
网络信息分析与评价能力	对网络的主动认知和行动	4
	对信息的辨析和批判	6
网络印象管理能力	迎合他人	3
	社交互动	4
	自我宣传	3
网络安全与隐私保护能力	安全感知及隐私关注	11
	安全行为及隐私保护	7
网络价值认知与行为能力	网络规范认知	5
	网络暴力认知	7
	网络行为规范	4

三、信效度检验

在本次调研过程中，网络素养整体的克隆巴赫 Alpha 系数为 0.949，大于 0.7，信度较好(见表 1-3)。巴特利特球形度检验的显著性为 0.000，小于 0.05，因而可以认为相关系数的矩阵与单位矩阵有显著性差异；KMO 的值为 0.970，大于 0.6，原有的变量具有较好的研究效度(见表 1-4)。网络素养 6 个主成分累积方差贡献率为 55.914%，能较好地代表网络素养(见表 1-5)。

表 1-3　网络素养可靠性分析

维度	克隆巴赫 Alpha 系数	项数
网络素养	0.949	79

表 1-4 网络素养 KMO 取样适切性量数和巴特利特球形度检验

KMO 取样适切性量数		0.970
巴特利特球形度检验	近似卡方	528440.690
	自由度	3081
	显著性	0.000

表 1-5 网络素养主成分分析

主成分	初始特征值			提取载荷平方和		
	总计	方差百分比	累积(%)	总计	方差百分比	累积(%)
1	21.973	27.466	27.466	21.973	27.466	27.466
2	11.094	13.868	41.334	11.094	13.868	41.334
3	4.116	5.145	46.479	4.116	5.145	46.479
4	3.206	4.007	50.486	3.206	4.007	50.486
5	2.300	2.875	53.361	2.300	2.875	53.361
6	2.042	2.553	55.914	2.042	2.553	55.914

四、总体状况与影响因素

(一) 总体得分情况

调查显示，青少年网络素养平均得分为 3.56 分(满分 5 分)，略高于及格线，有待进一步提升。其中，网络价值认知与行为能力的平均得分最高(3.93 分)，网络印象管理能力的平均得分最低(3.03 分)(见图 1-1)。

(二) 个人、家庭、学校的影响因素分析

回归模型显示，个人属性中的性别、年级、成绩、户口类型、地区、日均上网时长、网络技能熟练度，家庭属性中的母亲学历、家庭收入水平、与父母讨论网络内容频率、与父母亲密程度、父母干预上网活动频率，学校因素中的网络课程收获程度、

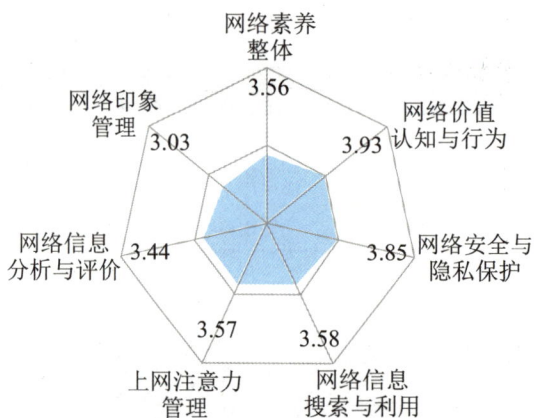

图 1-1　总体得分情况

与同学讨论网络内容频率、学校有无移动设备管理规定以及上课使用手机频率，对青少年网络素养有显著影响（见表 1-6）。其中年级、父亲学历对青少年网络素养未有显著影响。

表 1-6　青少年综合网络素养回归模型

属性	模型 1	模型 2	模型 3
性别	0.043 ***	0.037 ***	0.040 ***
年级	−0.013	−0.007	−0.011
成绩	0.150 ***	0.122 ***	0.111 ***
户口类型	−0.125 ***	−0.088 ***	−0.076 ***
地区	−0.066 ***	−0.040 ***	−0.039 ***
日均上网时长	−0.050 ***	−0.044 * *	−0.032 ***
网络技能熟练度	0.243 ***	0.223 ***	0.200 ***
父亲学历	—	0.009	0.019
母亲学历	—	0.038 *	0.039 ***
家庭收入水平	—	0.067 ***	0.063 ***
与父母讨论网络内容频率	—	0.064 *	0.023 * *
与父母亲密程度	—	0.106 ***	0.075 ***
父母干预上网活动频率	—	−0.050 ***	−0.068 ***
网络课程收获程度	—	—	0.148 ***
与同学讨论网络内容频率	—	—	0.089 ***
学校有无移动设备管理规定	—	—	−0.037 ***

续表

属性	模型 1	模型 2	模型 3
上课使用手机频率	—	—	−0.049 ***
R^2 Sig. 值	调整后的 R^2 为 12.0% Sig. = 0.000	调整后的 R^2 为 15.1% Sig. = 0.000	调整后的 R^2 为 18.0% Sig. = 0.000

注：＊代表 5% 显著性水平，＊＊代表 1% 显著性水平，＊＊＊代表 0.1% 显著性水平，下同。

1. 个人属性影响因素分析

回归模型显示：性别、年级、成绩、户口类型、地区、日均上网时长、网络技能熟练度对青少年网络素养水平有显著影响。

（1）男生和女生的网络素养水平有显著差异，女生的网络素养水平相对更高（见表 1-7、图 1-2）。

表 1-7　性别——网络素养差异检验

指标	总计 （N＝9125）	男生 （N＝4608）	女生 （N＝4517）	t
网络素养	3.56(0.435)	3.55(0.452)	3.58(0.416)	16.101 ***

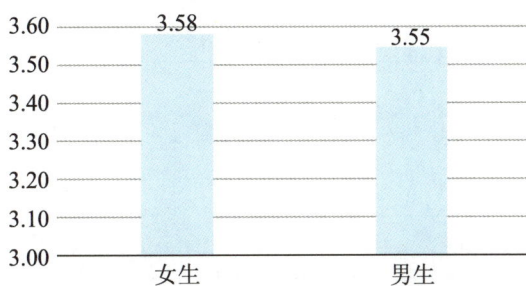

图 1-2　性别——网络素养维度(5 分制)

（2）不同年级的初/高中生网络素养有显著差异，具体表现为高年级初中生和高中生网络素养水平更高（见表 1-8、图 1-3）。

表 1-8　年级——网络素养差异检验

指标	总计 （N＝9125）	七年级 （N＝1961）	八年级 （N＝1866）	九年级 （N＝1813）	高一 （N＝1470）	高二 （N＝1219）	高三 （N＝796）	F
网络素养	3.56 (0.435)	3.55 (0.446)	3.59 (0.436)	3.58 (0.435)	3.53 (0.427)	3.55 (0.423)	3.58 (0.435)	16.101 ***

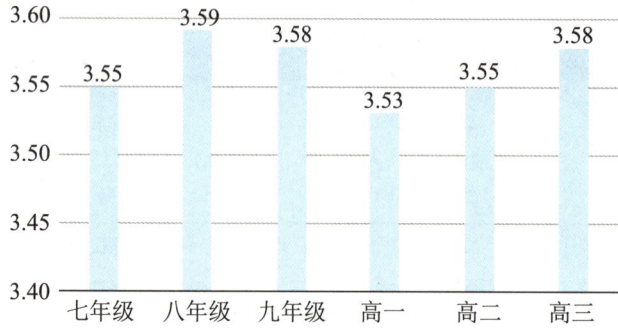

图 1-3 年级——网络素养维度(5分制)

(3)成绩不同的青少年其网络素养显著不同,成绩较好的青少年网络素养水平相对较高(见表1-9、图1-4)。

表 1-9 成绩——网络素养差异检验

指标	总计 (N=9125)	优秀 (N=2375)	中等 (N=5315)	下游 (N=1435)	F
网络素养	3.56(0.435)	3.69(0.447)	3.54(0.415)	3.46(0.444)	151.936 ***

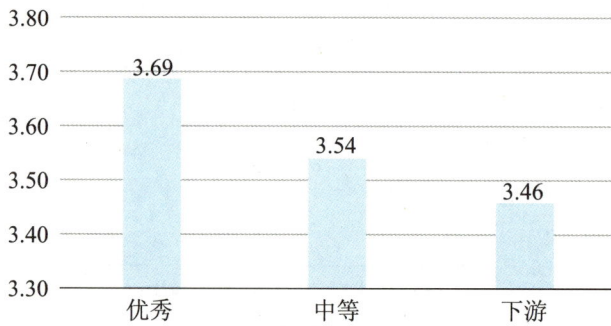

图 1-4 成绩——网络素养维度(5分制)

(4)拥有城市户口的青少年网络素养水平显著更高(见表1-10、图1-5)。

表 1-10 户口类型——网络素养差异检验

指标	总计 (N=9125)	城市户口 (N=4925)	农村户口 (N=4200)	t
网络素养	3.56(0.435)	3.63(0.444)	3.49(0.411)	265.552 ***

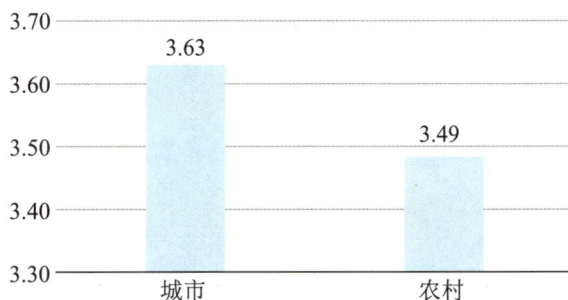

图 1-5　户口类型——网络素养维度(5 分制)

（5）不同地区的青少年网络素养有显著差异，生活在东部地区的青少年网络素养水平相对较高（见表 1-11、图 1-6）。

表 1-11　地区——网络素养差异检验

指标	总计 （N = 9125）	东部 （N = 3063）	中部 （N = 2105）	西部 （N = 3957）	F
网络素养	3.56(0.435)	3.63(0.455)	3.56(0.390)	3.52(0.436)	54.273 ***

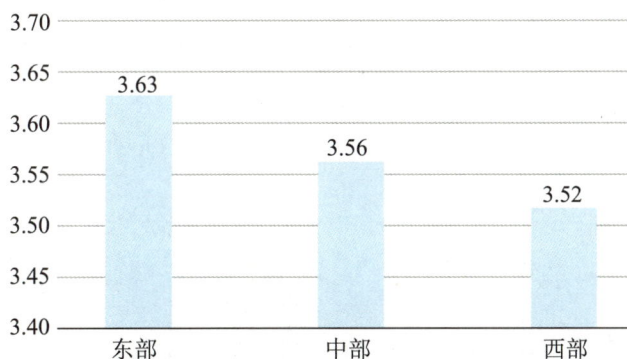

图 1-6　地区——网络素养维度(5 分制)

（6）每天平均上网 1～3 个小时的青少年网络素养水平最高，随着每天上网时长的增加，青少年网络素养水平逐渐下降（见表 1-12、图 1-7）。

表 1-12　日均上网时长——网络素养差异检验

指标	总计 （N = 9125）	1 个小时以下 （N = 3758）	1～3 个小时 （N = 3800）	3～5 个小时 （N = 969）	5 个小时以上 （N = 598）	F
网络素养	3.56(0.435)	3.57(0.444)	3.58(0.420)	3.52(0.425)	3.50(0.477)	9.420 ***

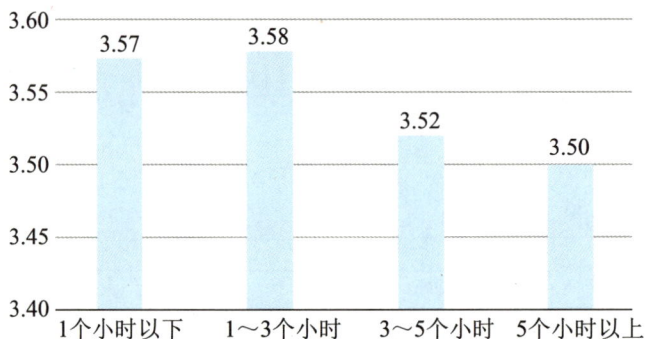

图 1-7　日均上网时长——网络素养维度(5 分制)

（7）上网技能熟练度越高，青少年网络素养水平显著越高（见表 1-13、图 1-8）。

表 1-13　网络技能熟练度——网络素养差异检验

指标	总计 （N＝9125）	非常不熟练 （N＝685）	不熟练 （N＝559）	一般 （N＝2918）	比较熟练 （N＝2511）	非常熟练 （N＝2452）	F
网络素养	3.56 （0.435）	3.49 （0.520）	3.43 （0.408）	3.44 （0.373）	3.56 （0.384）	3.77 （0.455）	243.323 ***

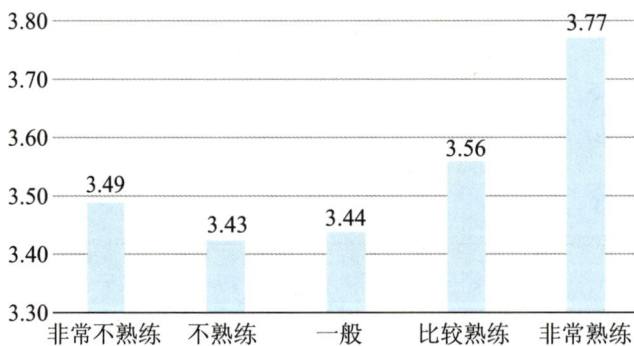

图 1-8　网络技能熟练度——网络素养维度(5 分制)

2. 家庭属性影响因素分析

回归模型显示：母亲学历、家庭收入水平、与父母讨论网络内容频率、与父母亲密程度、父母干预上网活动频率等对青少年网络素养水平有显著影响。

（1）母亲学历越高的青少年网络素养水平显著越高（见表 1-14、图 1-9）。

表 1-14 母亲学历——网络素养差异检验

指标	总计 （N＝9125）	小学 （N＝1228）	初中 （N＝2608）	高中/中专/技校 （N＝2175）	大专 （N＝1244）	本科 （N＝1488）	硕士及以上 （N＝263）	F
网络素养	3.56 (0.435)	3.41 (0.392)	3.52 (0.418)	3.59 (0.422)	3.63 (0.432)	3.67 (0.456)	3.71 (0.494)	64.146 ***

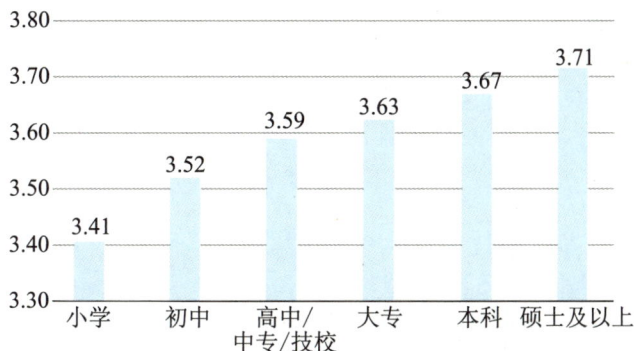

图 1-9 母亲学历——网络素养维度（5 分制）

（2）家庭收入水平越高，青少年网络素养水平越高（见表 1-15、图 1-10）。

表 1-15 家庭收入水平——网络素养差异检验

指标	总计 （N＝9125）	低收入水平 （N＝594）	中等偏下收入水平 （N＝1612）	中等收入水平 （N＝5126）	中等偏上收入水平 （N＝1584）	高收入水平 （N＝209）	F
网络素养	3.56 (0.435)	3.38 (0.454)	3.47 (0.404)	3.58 (0.420)	3.67 (0.454)	3.70 (0.522)	72.706 ***

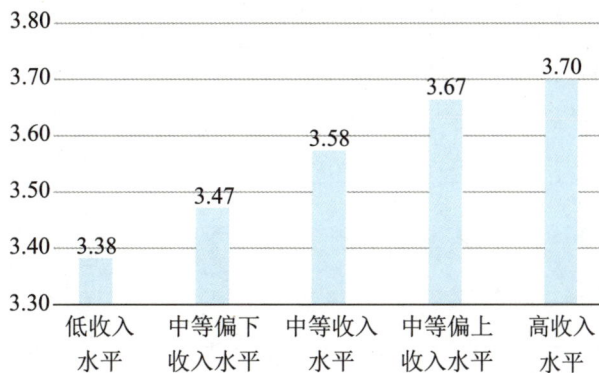

图 1-10 家庭收入水平——网络素养维度（5 分制）

（3）青少年与父母讨论网络内容频率越高，网络素养水平显著越高（见表1-16、图1-11）。

表1-16　与父母讨论网络内容频率——网络素养差异检验

指标	总计 （N=9125）	几乎不讨论 （N=1600）	有时讨论 （N=5591）	经常讨论 （N=1934）	F
网络素养	3.56(0.435)	3.45(0.433)	3.56(0.409)	3.67(0.482)	112.205***

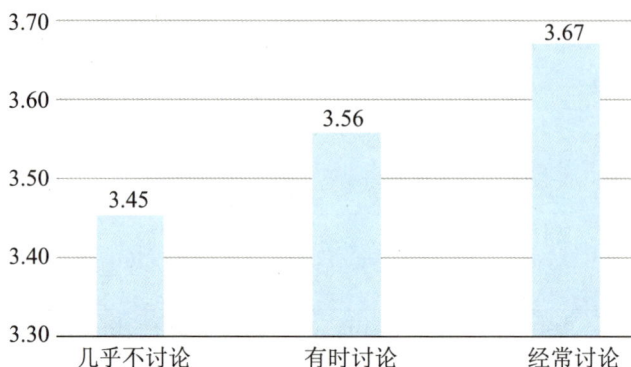

图1-11　与父母讨论网络内容频率——网络素养维度(5分制)

(4)青少年与父母亲密程度越高，网络素养水平也显著越高（见表1-17、图1-12）。

表1-17　与父母亲密程度——网络素养差异检验

指标	总计 （N=9125）	不亲密 （N=218）	一般 （N=3458）	非常亲密 （N=5449）	F
网络素养	3.56(0.435)	3.44(0.534)	3.47(0.396)	3.63(0.443)	148.499***

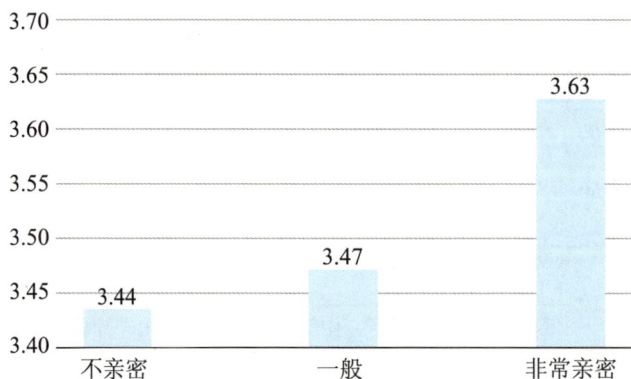

图1-12　与父母亲密程度——网络素养维度(5分制)

(5)父母干预上网活动频率越低，青少年网络素养水平显著越高(见表1-18、图1-13)。

表1-18　父母干预上网活动频率——网络素养差异检验

指标	总计 （N＝9125）	几乎不 （N＝1422）	偶尔 （N＝5142）	经常 （N＝2561）	F
网络素养	3.56(0.435)	3.65(0.464)	3.56(0.419)	3.54(0.444)	31.673 ***

图1-13　父母干预上网活动频率——网络素养维度(5分制)

3. 学校属性影响因素分析

回归模型显示：青少年网络课程收获程度、与同学讨论网络内容频率、学校有无移动设备管理规定和上课使用手机频率对青少年网络素养有显著影响。

(1)青少年在网络课程中的收获越大，网络素养水平提升就越显著(见表1-19、图1-14)。

表1-19　网络课程收获程度——网络素养差异检验

指标	总计 （N＝9125）	几乎没有收获 （N＝317）	有些收获 （N＝3921）	收获很大 （N＝3423）	F
网络素养	3.56(0.435)	3.50(0.410)	3.50(0.385)	3.70(0.452)	214.367 ***

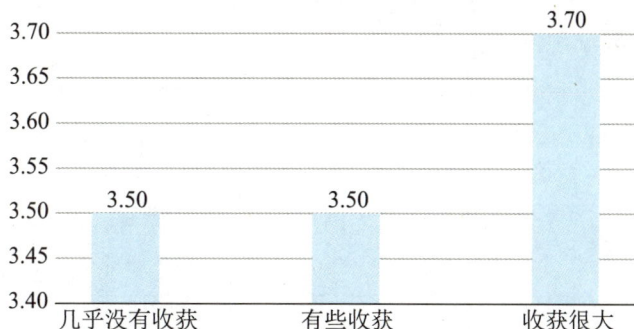

图1-14　网络课程收获程度——网络素养维度(5分制)

（2）青少年与同学讨论网络内容越频繁，网络素养水平就越高（见表1-20、图1-15）。

表1-20　与同学讨论网络内容频率——网络素养差异检验

指标	总计 （N=9125）	几乎不 （N=451）	有时 （N=4554）	经常 （N=4120）	F
网络素养	3.56(0.435)	3.36(0.471)	3.51(0.402)	3.65(0.449)	160.216 ***

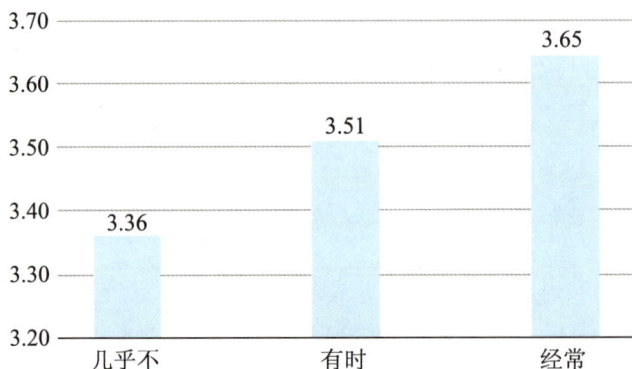

图1-15　与同学讨论网络内容频率——网络素养维度(5分制)

（3）有移动设备管理规定的中学，青少年网络素养水平明显更高（见表1-21、图1-16）。

表1-21　学校有无移动设备管理规定——网络素养差异检验

指标	总计 （N=9125）	有规定 （N=8285）	没有规定 （N=840）	t
网络素养	3.56(0.435)	3.58(0.432)	3.43(0.445)	87.746 ***

图1-16　学校有无移动设备管理规定——网络素养维度(5分制)

（4）上课从未使用手机的青少年网络素养水平最高（见表1-22、图1-17）。

表1-22　上课使用手机频率——网络素养差异检验

指标	总计 （N=9125）	从未使用 （N=6993）	不经常使用 （N=742）	有时候使用 （N=913）	经常使用 （N=477）	F
网络素养	3.56(0.435)	3.58(0.428)	3.52(0.432)	3.53(0.451)	3.52(0.498)	6.837 ***

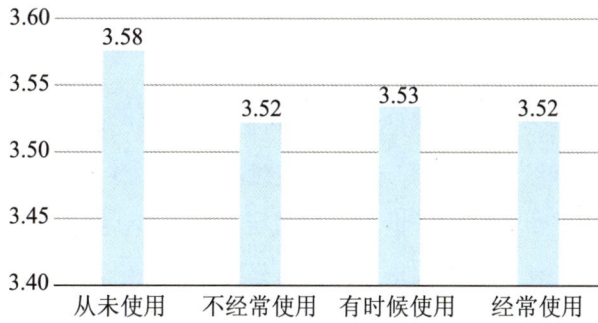

图1-17　上课使用手机频率——网络素养维度（5分制）

第二章　上网注意力管理

大家是否有这样的经历？原本是为了学习打开计算机，最终却玩了两个小时的游戏；游戏结束后想要继续学习计划，却发觉很难再集中注意力在学习上，脑子里只剩下游戏后的空虚？网络世界如大千世界，充满新奇与未知。我们大多数人的生活都被束缚在计算机和智能手机上，它们是无休止的分心源。研究表明，在过去的几十年里，人们的注意力持续时间以可衡量的方式缩短了。注意决定了我们对世界的感知、我们与身边的事物以及自己的关系。如何更好地在网络中遨游，如何进行注意力管理呢？

一、注意力与注意力管理的概念

(一)注意力

注意力是信息生态系统最核心的有限资源，是所有组织和企业追逐的焦点。谁拥有最多数据，最强大的计算能力，以及洞察人性的行为设计能力，谁就能收获最多的注意力，而最多的注意力意味着最丰盛的广告利润。媒介会迎合现有的需求和兴趣，并通过跨媒介、跨渠道的推销吸引你的注意力。研究发现，集中注意力是有节奏的，它似乎与我们可用的精神资源的潮起潮落相对应。移动互联网信息的富裕造成注意力的匮乏，因此我们需要在丰富的信息源中有效配置注意力。

神经认知学家让-菲利普·拉夏在《注意力：专注的科学与训练》一书中指出："注意，首先是一种心理现象。"[①]心理学家詹姆斯认为"注意"是"意识以清晰而迅速的形

---

① ［法］让-菲利普·拉夏：《注意力：专注的科学与训练》，7页，刘彦译，北京，人民邮电出版社，2016。

式，在多种可能性中选取一个物体或一系列想法的过程。"①定焦、集中和意识是注意的关键因素。在《注意力市场》一书中，韦伯斯特把注意力简单定义为："对某条特定信息的精神集中，当各种信息进入我们的意识范围，我们关注其中特定的一条，然后决定是否采取行动。"②注意力的概念超越了控制、内容、媒介、受众和效果，而把目标直指传播效果。这种"集中"出现在人们潜意识中的搜索和决策阶段。在搜索阶段，人们会对从周围环境中摄入的大量知觉进行筛选。在决策阶段，人们决定是否对吸引自己注意力的信息采取行动。但与"知觉"不同的是，注意力是有目标的，是具体的。

在注意力的分类上，韦伯斯特将注意力分为 6 种类型，两两一组互为对应（有意的/无意的；厌恶引起的/喜爱引起的；被动的/主动的）。但对个体来说，代表注意力的不同类型互不排斥。让-菲利普·拉夏则将注意分为"选择性注意""执行性注意"和"持续性注意"，这种分类凸显了注意的先后有别，因此，扬·劳威因斯认为"注意"是一种有偏差的现象。③ 与注意力密切相关的还有"正念"这一概念，乔·卡巴金创造了这一概念用以指代对注意和觉察能力的培养。有关"正念"的研究显示，对成年人来说，正念训练显示出对与执行功能相关的大脑重要区域产生积极影响，包括冲动控制和决策、理解他人、学习和记忆、情绪调节以及与自己身体的连接感。而对儿童来说，正念的效果更为明显。因此，教育领域研究工作者们正在将正念技能的培养引入国内外的 K-12 教育体系之中。④

随着 100 多年来心理科学的不断发展，大家对于注意这个概念已经有了一个新的认识。现在普遍认为，注意是心理活动对于一定对象的指向和集中。它有两个基本的特征，在威廉·詹姆斯最早给出的注意的定义和我们现在对于注意的认识里，指出了注意的以下两个特点。

一是指向性，是指心理活动或者说我们的意识，选择了其中的一些对象而忽略了另外一些对象；

二是集中性，是指心理活动或者是我们的意识，停留在某一个被选择的对象上的

---

① James W. , *The Principle of Psychology*, New York, Holt, 1980.

② [美]詹姆斯·韦伯斯特：《注意力市场：如何吸引数字时代的受众》，郭石磊译，北京，中国人民大学出版社，2017。

③ Lauwereyns Jan, *The Anatomy of Bias: How Neural Circuits Weigh the Options*, Cambridge, The MIT Press, 2018.

④ [荷]艾琳·斯奈儿：《正念养育：提升孩子专注力和情绪控制力的训练法》，曹慧、王淑娟、曹静、祝卓宏译，北京，化学工业出版社，2017。

强度或者说紧张的程度。

　　假如我们正在上课，这时门外突然传来一声巨响，我们的注意将自发地转移到声源处去。而在这一过程中，我们的注意力强度提高，并集中到注意对象上。此时注意的指向性就表现为对出现在同一个时间里面的多个对象或刺激的选择。而集中性就表现为对于刺激我们的紧张程度或集中程度。注意既关注到了某些东西，同时也忽略了其他东西，即我们对于信息的选择过程。而注意的产生、产生的范围以及持续的时间都取决于外部刺激和人的主观因素。

(二) 注意力管理

　　在数字时代，人们无时无刻不置身于信息海洋之中。媒介信息切割、侵占了人们的注意力。正如尤查·本科勒所言："网络环境中仅存的首要稀缺资源是用户的时间和注意力。"因此，注意力管理显得尤为重要。早在 20 世纪 70 年代，诺贝尔奖得主赫伯特·西蒙就指出："信息的富裕造成注意力的匮乏，因此我们需要在丰富的信息源中有效配置注意力。"注意是一种稀少而珍贵的资源，我们必须学会合理地分配注意，成为注意的主人。注意力管理在心理学、认知神经科学、商业管理、市场营销领域成为热门的议题。来自不同领域的学者探索了注意力形成的内在生理机制，注意力管理的科学方法与训练手段，为注意力研究和注意力管理提供了理论支撑与方法论。托马斯·达文波特的注意力经济学认为，可以利用"注意力选择器"对目标对象进行测量，通过对数据的统计与分析，得出数量更多、更有效的获得注意力的方法，在科学测量的基础上，可以开展针对注意力的管理。

　　目前，注意力研究总体上分为两类，一些研究者在微观层面上，透过个体媒体用户的视角观察世界，关注个体如何应对信息轰炸，另一些研究者则将注意力视为宏观现象，研究因媒体而聚集或分化的群体，关注公众注意力本身产生的经济或社会意义。除此之外，注意力的构建也基于不同层次，一个普遍模式是"效果层级"，从认知层次 (意识或习惯)，到情感层次 (喜欢或者需求)，再到行为层次。本书所研究的"上网注意力"是微观层面的注意力，指个体在网络使用过程中的注意力分配与管理，并从认知、情感、行为三个层次设置了相关测量题项。

(三) 注意是如何工作的?

　　我们的注意是如何工作的呢? 注意实际上有两个工作的系统。

其中一个系统被称为自动加工系统。这一系统基本上不受我们的主观控制，它是一个快速的、无意识的过程，且不会大量耗费认知资源，也就是说不怎么消耗脑力，不需要投入很多精力去关注，它完全是处于自主控制的状态。

另外一个系统叫作控制加工系统。它是一个需要耗费我们很多注意资源的工作系统。但是它也有一个优点就是它比较灵活，能够适应于很多的应用场景。

我们在上课时，需要把当前的注意集中于课堂学习内容、互动交流等，这就是在进行有意识的控制加工过程。但此时外面传来巨响，我们的注意不自觉地转向声源处，这实际上就是自动加工的过程。因为它基本上不受自我的控制，外界只要有了这样一个刺激出现，我们的注意就会不自觉地或者说无意识地朝向刺激的发生源。这就是注意的两个工作系统。人们所有的意识加工的过程，其实都是依靠这两个系统进行交互才完成工作的。

(四) 注意和脑

意识控制的过程，与大脑的一些高级皮层如前额叶等是相关的。它与我们的注意、计划、能动以及稳定、持续地保持注意、控制干扰的过程实际上有着非常重要的联系。

还有一些比较初级的大脑皮层下面的核团，与其他的注意功能有关，与注意的指向以及注意的自动活动也有很大关系。大脑皮层从表面上来看可以分成后面的枕叶和顶叶，以及前面的额叶和两侧的颞叶，主要和控制加工有关的区域是额叶。这个地方实际上是注意进行控制加工的一个非常重要的神经中枢。有心理学和认知神经科学的研究发现，前额叶的损伤可能会对人脑的控制加工能力造成很大干扰。有一个经典的研究案例：1848 年，25 岁的盖奇在美国一铁路建设工地上工作。施工现场发生了意外，一根长约 3.5 英尺(约 1.07 米)的钢筋从盖奇的左颧骨下方穿过他的脸，从眉骨上方飞了出去。虽然盖奇颅骨的左前部几乎完全损毁了，但他没有失去知觉，能说能动。经过 10 周的治疗，他顺利出院，没有失忆，思维清晰。但他的性格却变得和以前很不一样。以前他对人很和气、讲礼貌，也很注意自己的礼仪，但现在他变得我行我素、粗俗无礼、对自己的种种行为毫不掩饰，而且不顾及周围人的感受，对事情缺乏耐心，情绪阴晴不定，有时候很固执，有时候又很优柔寡断。大难不死的盖奇"智力和表现都像个孩子，但是情绪上却像一个强势的男人"，朋友们都说"他不再是原来的盖奇了"。由于前额叶功能受损，他性格大变，常出现不受控制的、具有攻击性的冲动行为，其行为的目的性和计划性也出现了不足。由此可知，前额叶这一区域对于大脑的注意的控制加工功能至关重要。

另外一个需要提及的概念，就是奖赏回路。它和我们的注意功能也有着密切关系。奖赏回路包含大脑皮层下的一些神经核团。其中有一个重要的核团叫作伏隔核，它在大脑的奖赏、成瘾、侵犯、恐惧以及安慰等活动中发挥了重要作用。

这个核团是怎样被发现的呢？早在20世纪50年代，一些心理学家用小白鼠做了一个实验。他们把一些电极插入小白鼠大脑皮层下面的核团中，然后把它和一些实验装置联系起来。如果小白鼠按压了装置中的某一杠杆，装置就会直接刺激它的大脑核团，让它产生快乐、愉悦的感受。小白鼠为了追求愉悦的快感，就会不断地去按压这个杠杆。一天内小白鼠的按压次数可高达几百次，直至其因大脑处于高度的亢奋状态而昏迷。通过这个研究，研究者发现一些大脑的神经核团尤其是伏隔核在快乐和奖赏的过程中起到了重要的作用。

（五）注意力网络与自我管理

Posner从解剖学和功能方面定义了注意网络模型，根据这个模型，人类的注意力的组成部分涉及警觉注意力、执行注意力以及定向注意力3个维度。警觉注意力表明机体处在一种随时都在进行自我防护和自我检视的状态，这样的预警机制可以随时对于上层生物结构所发出的刺激信号做出有效的应对；执行注意力的定义为化解不同的认知反应之间的冲突；定向注意力通过空间提示线索让注意力集中，被试可以在转动或不转动眼球的情况下将注意进行集中。

对上网行为的自我管理能力，即对自身上网行为的自律，包括上网时间的自我管理、信息选择的自我管理、网络表现的自我管理。它将有助于约束上网行为，减少行为偏差，培养正确的网络使用习惯。[1] 学者们普遍认为，网络自我管理能力是网络素养的重要组成部分。荣姗姗认为，坚持客观上规范、约束上网行为，用"自我管理"的方法来增加行为自律能力，是培养良好上网习惯、减少网络沉迷的一条有效途径，也是必须具备的网络素养。[2]

---

[1] 荣姗姗：《安徽高校学生网络素养现状及其教育实践探究》，硕士学位论文，安徽师范大学，2007。

[2] 荣姗姗：《安徽高校学生网络素养现状及其教育实践探究》，硕士学位论文，安徽师范大学，2007。

国内学者从学校、家庭、社会 3 个方面对青少年的网络使用及自我管理进行了研究。在网络使用与自我管理研究中，国内学者唐静在《移动社交网络与青少年自我控制的关系研究》中论述了网络从自觉性、坚持性、计划性、冲动抑制和自我延迟满足这 5 个维度对青少年产生的积极和消极影响。① 王传芬在《学生网络使用行为及对策分析——以德州市为例》中通过问卷调查法分析了学生的网络行为现状，总结出了青少年在网络使用过程中存在的一系列问题，如目的不明确，依赖严重，缺乏网络诚信等。② 在家庭方面，蒋敏慧等通过问卷调查，论述了家庭教育方式与青少年网络行为的关系。③ 关于学生社会网络生活管理研究，主要是立法方面（如网络游戏、网络欺凌和网络犯罪）以及青少年网络素养培养的研究。

多个实证研究表明，青少年在使用网络的过程中，部分学生缺乏网络自我管理能力。一项针对大学生的网络素养现状调查指出，大学生处于离开父母监管而尚待找到有效自我管理方法的过渡期，很多人甚至还没意识到网络自控力的重要性，网络行为自我管理能力普遍较差。④ 在具体的操作过程中，《大学生网络素养现状分析及培育途径探讨》通过测量"上网时间"来考量大学生对网络接触行为的自我管理。⑤《新疆少数民族大学生网络素养调查分析》通过调查学生"玩电脑游戏的频率""时长""目的"以及"对'反沉迷网络'控制系统的评价"，来测量学生的网络自我管理能力。⑥

2014 年，胡敏霞提出"网络的快速发展使得各种舆论出现在公众的视野里，对人们的注意力已经产生了重要影响"，后来，她又对注意力四大机制的工作原理进行了解释，认为应该从集中、持久、转换和共享这四个维度对注意力进行管理。⑦ 姜英杰、王玉、严燕选择"元认知理论"作为量表维度建构的理论基础，将网络行为自我调控首先分为网络行为元认知知识、网络行为元认知体验和网络行为元认知调控。网络行为

---

① 唐静：《移动社交网络与青少年自我控制的关系研究》，载《华中师范大学研究生学报》，2017(01)。

② 王传芬：《学生网络使用行为及对策分析——以德州市为例》，载《教学与管理》，2013(24)。

③ 蒋敏慧，万燕，程灶火：《家庭教养方式对网络成瘾的影响及人格的中介效应》，载《中国临床心理学杂志》，2017(05)。

④ 焦晓云：《移动互联网时代提升大学生网络素养的对策》，载《学校党建与思想教育》，2015(15)。

⑤ 刘树琪：《大学生网络素养现状分析及培育途径探讨》，载《学校党建与思想教育》，2016(01)。

⑥ 李彦，宋爱芬：《新疆少数民族大学生网络素养调查分析》，载《中国出版》，2013(14)。

⑦ 胡敏霞：《加强网络时代的公众注意力管理》，载《人民日报》，2014-06-05。

元认知知识分为个人变量(对自己作为网络使用者的优缺点的了解)、任务变量(正常和不良网络行为的标准)和策略变量;网络行为元认知体验分为上网前、中、后的情绪体验和感受;网络行为元认知调控主要分为计划(上网时间、活动等方面的计划)、监督(对上网时间、内容等的监督)、控制、调节和评估(对上网行为的效果等方面的评估)等维度。[①] 以此为基础,姜英杰等人编制了《网络行为自我调控量表》,量表分为6个维度:网瘾认知、卷入性情绪控制、网络认知、下网自省、上网自控和网络依恋自控。该量表具备良好的信度和结构效度。

欧阳益、张大均、吴明霞参考王红姣的情绪自控、思维自控、行为自控的三维结构,同时加入内隐效应的研究,分别从意识、无意识和心理过程进一步细化网络使用自我控制量表的结构,最终建立起"大学生网络使用自我控制量表"。该量表由网络使用认知控制(计划性、觉察性、理性倾向)、网络使用情感控制(情绪激发、情绪调节、情绪控制习惯)和网络使用行为控制(控制执行、结果影响、冲动习惯)3个分量表构成,各分量表均有3个因素。该量表具有较好的信效度,能够用于大学生网络使用自我控制力测量。[②]

(六)长时间上网会让我们的脑和心理发生什么变化

我们现在的社会正处于一个非常发达的信息时代,互联网的发展给青少年提供了很多找寻刺激或冒险的来源,诸如网络游戏、短视频平台、社交网站。事实上,这些互联网产品和娱乐活动平台利用了大脑活动的特点,以及心理活动的信息加工机制,是专门针对人脑的快乐和奖赏活动中枢而设计的。网络游戏和短视频就是其中的典型例子。大脑的快乐和奖赏中枢需要不断的外界刺激转化为让我们产生愉悦感受的神经递质,因此,这些游戏就会提供一些专门的奖赏活动。如网络游戏中的强力装备,当玩家完成了游戏中的规定任务,就可以获得相应"成就"。在达到成就目标、获得奖赏的过程中,玩家就会产生快乐的情绪。这些行为实际上是很难进行有意识的控制的,因为它的发生完全是一种无意识的加工过程。只要获得了奖赏,玩家很自然地就会产生和快乐有关的情绪,就会不断地沉浸在这样的快乐氛围里,去更多地进行寻求快乐

---

① 姜英杰,王玉,严燕:《青少年网络行为自我调控量表的编制及效度验证》,载《心理与行为研究》,2014(03)。

② 欧阳益,张大均,吴明霞:《大学生网络使用自我控制量表的编制》,载《中国心理卫生杂志》,2013(01)。

的行为。就好比是在实验室里面的小白鼠为了追求快乐情绪，不断地按压杠杆，直到自己昏迷。但我们并非没有相应的预防策略。如今已有许多政策出台来规范各平台行为，但这只是所有的针对性策略中的一个部分，还需要社会多方面的共同努力才能完善。我们只有分析产品给我们带来了怎样的不利影响，才能针对这些不利影响正确引导青少年的网络行为。

在使用互联网产品的过程中，如刷短视频，你感觉只是花了几分钟，实际上你已不自觉地消耗了大量时间，完全沉浸到了产品给你营造的快乐氛围里。在这期间，你的注意力被多种多样的刺激所吸引，分散在多个不同的目标上，不断地进行注意切换，并感到很难把注意长时间集中在同一点上。当我们的认知资源被消耗，大量控制性注意被吸引在多种的目标上时，用于其他心理活动或者说用于其他正常的工作和学习的认知资源就会减少，分配的信息资源就会受到限制。

与此同时，知识和技能学习的功能以及和其他人进行社会交往的功能也会受到损害，甚至还会带来一些不良的情绪。当沉浸在手机给予的快乐突然被打断时，人们常常感到愤怒。这样的心理过程就会使大脑中的一些神经递质发生相应变化——因为我们情绪的产生也和大脑的神经递质产生交互。如果长时间呈现快乐情绪，那些与快乐有关的神经递质被大量消耗，一些和抑郁、焦虑相关的神经递质就会产生。这些神经递质就会诱发焦虑和抑郁的情绪。如5-羟色胺，如果其长期处于较高水平，就会造成人体代谢水平出现异常，就会让人产生抑郁或焦虑的情绪问题。青少年沉迷寻求刺激并得不到心理满足，其情绪将发生变化，进而使注意功能产生相应变化。人类所有的心智活动系统都是密切关联、协同运作的，倘若其中的某一环节发生变化，整体的心理活动和精神状态都会改变。这就涉及注意和情绪之间的交互过程。

二、上网注意力管理能力的构成与影响因素

(一)研究框架

通过文献梳理和前测考察，我们把青少年上网注意力管理能力的指标划分为3个一级指标：网络使用认知、网络情感控制和网络行为控制(见表2-1)。

表 2-1　上网注意力管理能力指标体系

维度	一级指标	题项(数量)
上网注意力管理能力	网络使用认知	6
	网络情感控制	5
	网络行为控制	3

我们构建了关于"上网注意力管理能力"的问题量表如下。

· 上网前,我知道自己上网要做什么(网络使用认知)。

· 我感到我的日常生活非常有意义(网络使用认知)。

· 我认为,我能充分利用自己的时间(网络使用认知)。

· 我知道在网上什么该做,什么不该做(网络使用认知)。

· 我知道如何不让网络信息干扰我的生活(网络使用认知)。

· 我能分清网络世界和现实世界(网络使用认知)。

· 上网时,我会沉浸在网络中,忘记周围的环境(网络情感控制)。

· 我在网上的情绪变幻无常(网络情感控制)。

· 上网时,要是有他人打扰我会很生气(网络情感控制)。

· 我喜欢浏览网上新奇、刺激的内容(网络情感控制)。

· 上网时间长了,再做其他事情总有些不适应(网络情感控制)。

· 网上的我小心谨慎(网络行为控制)。

· 我会主动控制自己的上网时间(网络行为控制)。

· 一旦要学习或工作时,我就会停止上网(网络行为控制)。

(二)上网注意力管理能力信效度检验

经过信度和效度检验,上网注意力管理能力的克隆巴赫 Alpha 系数为 0.836,且一级指标网络使用认知、网络情感控制和网络行为控制的克隆巴赫 Alpha 系数均大于 0.7,信度较好(见表 2-2)。巴特利特球形度检验的显著性为 0.000,小于 0.05,因而可以认为相关系数的矩阵与单位矩阵有显著性差异;KMO 的值为 0.888,大于 0.6,原有的变量具有较好的研究效度(见表 2-3)。上网注意力管理能力 3 个主成分累积方差贡献率为 66.469%,且成分矩阵显示各指标划分维度与设定的一级指标维度相吻合,因此能较好地反映上网注意力管理能力情况。

表 2-2　上网注意力管理能力可靠性分析

维度	指标	克隆巴赫 Alpha 系数	项数
上网注意力管理能力	总体	0.836	14
	网络使用认知	0.897	6
	网络情感控制	0.866	5
	网络行为控制	0.722	3

表 2-3　上网注意力管理能力 KMO 取样适切性量数和巴特利特球形度检验

KMO 取样适切性量数		0.888
巴特利特球形度检验	近似卡方	63743.600
	自由度	91
	显著性	0.000

(三)上网注意力管理能力得分

在青少年上网注意力管理能力方面，网络使用认知能力得分最高，情感控制能力次之，行为控制能力最差。这说明在青少年上网注意力管理能力的培养方面，要着重提高其网络行为控制能力，特别是线上行为控制能力；除此之外，网络情感控制作为行为的辅助因素也需要被重视，而使用认知方面也值得持续关注(见表 2-4)。

表 2-4　青少年上网注意力管理能力指标体系得分

维度	一级指标	得分(5 分制)
上网注意力管理能力	网络使用认知	3.80
	网络情感控制	3.51
	网络行为控制	3.41

(四)影响青少年上网注意力管理能力的因素分析

我们把影响青少年上网注意力管理能力的因素划分为个人属性、家庭属性和学校属性 3 种类型。

1. 个人属性影响因素分析

女生在上网注意力管理能力方面的表现显著优于男生。对于上网注意力管理能力维度，不同性别的网络使用认知、网络情感控制和网络行为控制能力水平均有显著差异(Sig. <0.001)：男生的网络使用认知和网络行为控制能力水平明显高于女生，而女

生的网络情感控制能力水平明显高于男生(见表2-5、图2-1)。

表2-5　性别——上网注意力管理能力维度差异检验

指标	性别	N	Mean	SD	F	Sig.	偏 η^2
网络使用认知	男	4608	3.83	0.764	14.383	0.000	0.002
	女	4517	3.77	0.696			
网络情感控制	男	4608	3.39	0.930	175.419	0.000	0.019
	女	4517	3.63	0.822			
网络行为控制	男	4608	3.45	0.852	32.316	0.000	0.004
	女	4517	3.36	0.780			

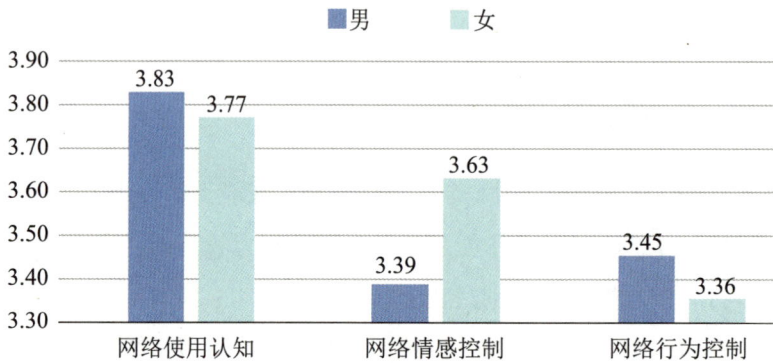

图2-1　性别——上网注意力管理能力维度(5分制)

随着年级的升高,上网注意力管理能力降低;对于上网注意力管理能力维度,不同年级的网络使用认知、网络情感控制和网络行为控制能力水平均有显著差异(Sig. <0.001)。初中生的网络使用认知、网络情感控制和网络行为控制能力水平均明显高于高中生(见表2-6、图2-2)。

表2-6　年级——上网注意力管理能力维度差异检验

指标	年级	N	Mean	SD	F	Sig.	偏 η^2
网络使用认知	七年级	1961	3.86	0.767	11.883	0.000	0.006
	八年级	1866	3.85	0.730			
	九年级	1813	3.82	0.698			
	高一	1470	3.72	0.721			
	高二	1219	3.74	0.716			
	高三	796	3.73	0.743			

续表

指标	年级	N	Mean	SD	F	Sig.	偏 η2
网络情感控制	七年级	1961	3.66	0.917	27.211	0.000	0.015
	八年级	1866	3.57	0.870			
	九年级	1813	3.50	0.914			
	高一	1470	3.42	0.803			
	高二	1219	3.36	0.882			
	高三	796	3.40	0.867			
网络行为控制	七年级	1961	3.50	0.896	12.379	0.000	0.007
	八年级	1866	3.43	0.815			
	九年级	1813	3.42	0.801			
	高一	1470	3.32	0.772			
	高二	1219	3.34	0.768			
	高三	796	3.32	0.794			

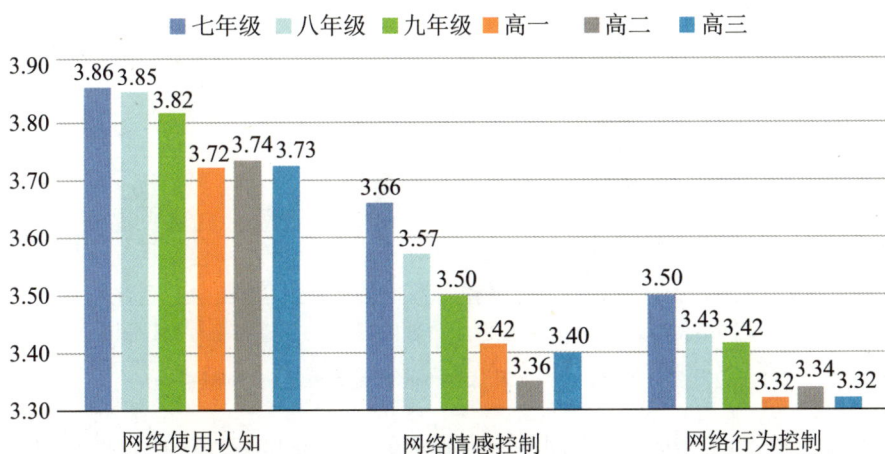

图 2-2　年级——上网注意力管理能力维度(5 分制)

　　成绩越好,上网注意力管理能力也显著提高;对于上网注意力管理能力维度,不同成绩水平的青少年其网络使用认知、网络情感控制和网络行为控制能力水平均有显著差异(Sig. <0.001)。成绩越好的青少年,网络使用认知、网络情感控制和网络行为控制能力水平也明显更高(见表 2-7、图 2-3)。

表 2-7　成绩——上网注意力管理能力维度差异检验

指标	成绩	N	Mean	SD	F	Sig.	偏 η^2
网络使用认知	下游	1435	3.64	0.779	120.657	0.000	0.026
	中等	5315	3.76	0.698			
	优秀	2375	3.98	0.742			
网络情感控制	下游	1435	3.33	0.914	37.558	0.000	0.008
	中等	5315	3.52	0.848			
	优秀	2375	3.58	0.938			
网络行为控制	下游	1435	3.27	0.859	55.997	0.000	0.012
	中等	5315	3.38	0.787			
	优秀	2375	3.54	0.845			

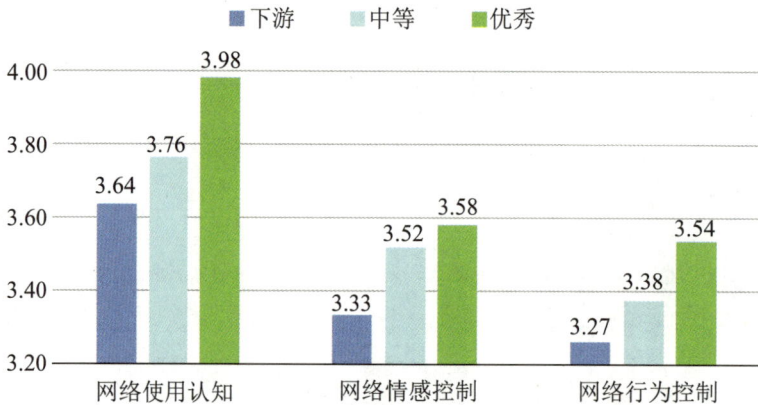

图 2-3　成绩——上网注意力管理能力维度(5 分制)

　　拥有城市户口的青少年在上网注意力管理能力方面显著优于持农村户口的青少年;对于上网注意力管理能力维度,不同户口类型的青少年其网络使用认知和网络行为控制能力水平有显著差异(Sig. <0.001),网络情感控制能力水平无显著差异。拥有城市户口的青少年其网络使用认知和网络行为控制能力水平明显高于持农村户口的青少年(见表 2-8、图 2-4)。

表 2-8　户口类型——上网注意力管理能力维度差异检验

指标	户口类型	N	Mean	SD	F	Sig.	偏 η^2
网络使用认知	城市	4925	3.90	0.741	189.912	0.000	0.020
	农村	4200	3.69	0.704			
网络行为控制	城市	4925	3.46	0.842	49.557	0.000	0.005
	农村	4200	3.34	0.785			

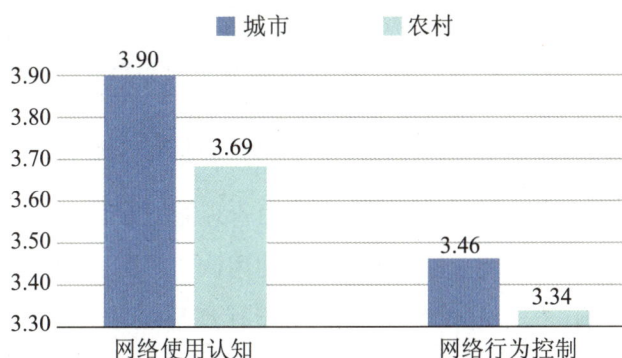

图 2-4　户口类型——上网注意力管理能力维度(5分制)

对于上网注意力管理能力维度，不同地区的青少年其网络使用认知、网络情感控制和网络行为控制能力水平均有显著差异(Sig. <0.001)。东部地区的青少年网络使用认知和网络行为控制能力水平明显高于其他地区，西部地区的青少年网络情感控制能力水平明显高于其他地区(见表 2-9、图 2-5)。

表 2-9　地区——上网注意力管理能力维度差异检验

指标	地区	N	Mean	SD	F	Sig.	偏 η^2
网络使用认知	东部	3063	3.89	0.760	38.750	0.000	0.008
	中部	2105	3.81	0.672			
	西部	3957	3.73	0.734			
网络情感控制	东部	3063	3.42	0.931	24.413	0.000	0.005
	中部	2105	3.53	0.821			
	西部	3957	3.57	0.880			
网络行为控制	东部	3063	3.47	0.847	12.605	0.000	0.003
	中部	2105	3.38	0.775			
	西部	3957	3.37	0.816			

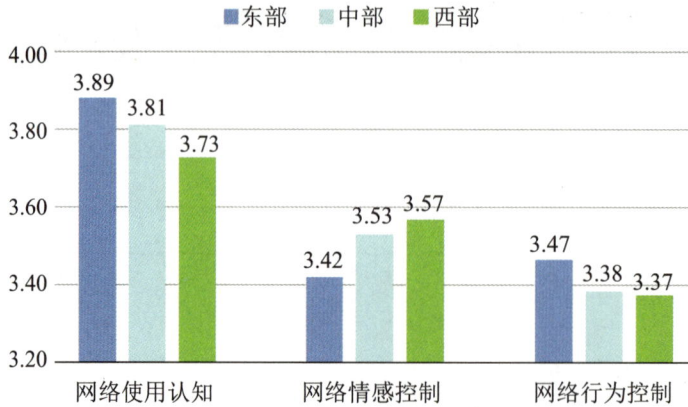

图 2-5　地区——上网注意力管理能力维度(5 分制)

　　日均上网时间越长的青少年，在上网注意力管理能力方面表现明显较差；对于上网注意力管理能力维度，日均上网时长对网络使用认知、网络情感控制和网络行为控制指标均有显著影响(Sig. <0.001)，且 3 个指标都是随着上网时长的增加而降低的(见表 2-10、图 2-6)。

表 2-10　日均上网时长——上网注意力管理能力维度差异检验

指标	上网时长	N	Mean	SD	F	Sig.	偏 η^2
网络使用认知	1 个小时以下	3758	3.84	0.753	13.532	0.000	0.004
	1～3 个小时	3800	3.81	0.678			
	3～5 个小时	969	3.70	0.708			
	5 个小时以上	598	3.70	0.918			
网络情感控制	1 个小时以下	3758	3.64	0.885	109.445	0.000	0.035
	1～3 个小时	3800	3.51	0.830			
	3～5 个小时	969	3.29	0.878			
	5 个小时以上	598	3.03	1.017			
网络行为控制	1 个小时以下	3758	3.49	0.837	55.093	0.000	0.018
	1～3 个小时	3800	3.42	0.761			
	3～5 个小时	969	3.22	0.781			
	5 个小时以上	598	3.12	0.988			

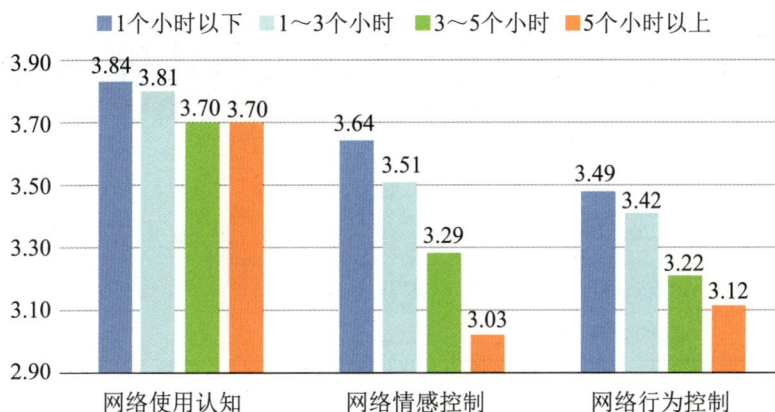

图 2-6 日均上网时长——上网注意力管理能力维度(5分制)

　　网络技能熟练的青少年，在上网注意力管理能力方面的表现相对更好。对于上网注意力管理能力维度，网络技能熟练度对网络使用认知、网络情感控制和网络行为控制指标均有显著影响(Sig. <0.001)。网络技能非常熟练的青少年其网络使用认知和网络行为控制表现也最好，网络技能不熟练的青少年其网络情感控制表现最好(见表2-11、图2-7)。

表 2-11 网络技能熟练度——上网注意力管理能力维度差异检验

指标	网络技能熟练度	N	Mean	SD	F	Sig.	偏 η^2
网络使用认知	非常不熟练	685	3.74	0.934	170.201	0.000	0.069
	不熟练	559	3.60	0.711			
	一般	2918	3.62	0.659			
	比较熟练	2511	3.78	0.639			
	非常熟练	2452	4.10	0.750			
网络情感控制	非常不熟练	685	3.58	1.044	16.982	0.000	0.007
	不熟练	559	3.67	0.799			
	一般	2918	3.56	0.760			
	比较熟练	2511	3.49	0.792			
	非常熟练	2452	3.41	1.061			

续表

指标	网络技能熟练度	N	Mean	SD	F	Sig.	偏 η^2
网络行为控制	非常不熟练	685	3.35	1.002	39.777	0.000	0.017
	不熟练	559	3.34	0.767			
	一般	2918	3.31	0.710			
	比较熟练	2511	3.38	0.742			
	非常熟练	2452	3.58	0.934			

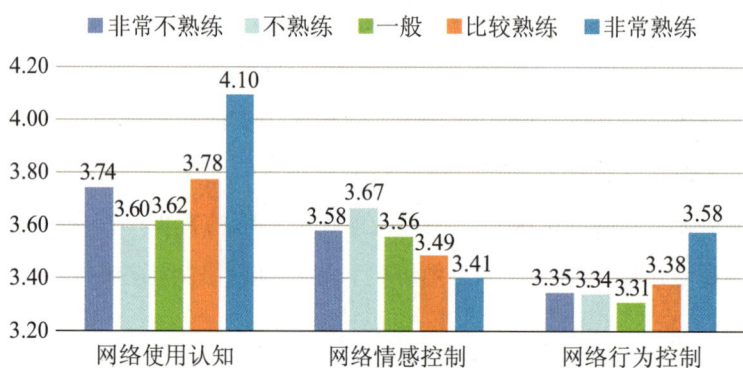

图 2-7　网络技能熟练度——上网注意力管理能力维度(5 分制)

2. 家庭属性影响因素分析

对于上网注意力管理能力维度,父亲学历对青少年网络使用认知和网络行为控制能力水平有显著影响(Sig. <0.001),且对网络使用认知的影响更大。父亲学历越高,青少年的网络使用认知和网络行为控制表现越好(见表 2-12、图 2-8)。

表 2-12　父亲学历——上网注意力管理能力维度差异检验

指标	父亲学历	N	Mean	SD	F	Sig.	偏 η^2
网络使用认知	小学	831	3.56	0.677	44.230	0.000	0.028
	初中	2618	3.71	0.703			
	高中/中专/技校	2349	3.84	0.706			
	大专	1264	3.88	0.719			
	本科	1655	3.92	0.759			
	硕士及以上	327	4.07	0.853			

续表

指标	父亲学历	N	Mean	SD	F	Sig.	偏 η^2
网络行为控制	小学	831	3.26	0.749	15.497	0.000	0.010
	初中	2618	3.33	0.786			
	高中/中专/技校	2349	3.44	0.824			
	大专	1264	3.45	0.812			
	本科	1655	3.48	0.846			
	硕士及以上	327	3.59	0.950			

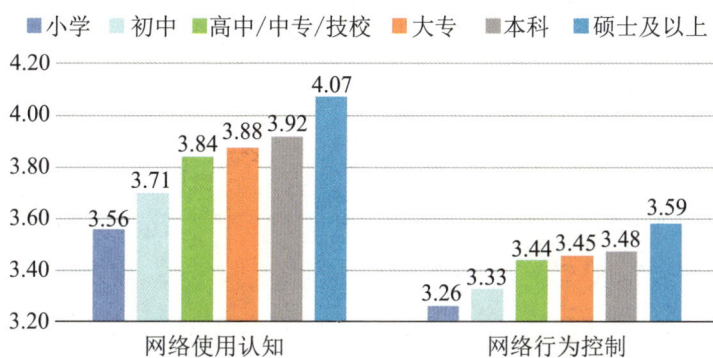

图 2-8 父亲学历——上网注意力管理能力维度(5分制)

母亲学历越高,青少年上网注意力管理能力也显著提高;对于上网注意力管理能力维度,母亲学历对其网络使用认知和网络行为控制指标有显著影响(Sig. <0.001)。母亲学历越高,青少年的网络使用认知和网络行为控制表现越好(见表2-13、图2-9)。

表2-13 母亲学历——上网注意力管理能力维度差异检验

指标	母亲学历	N	Mean	SD	F	Sig.	偏 η^2
网络使用认知	小学	1228	3.56	0.669	55.230	0.000	0.035
	初中	2608	3.73	0.705			
	高中/中专/技校	2175	3.84	0.719			
	大专	1244	3.88	0.729			
	本科	1488	3.96	0.744			
	硕士及以上	263	4.12	0.858			

续表

指标	母亲学历	N	Mean	SD	F	Sig.	偏 η²
网络行为控制	小学	1228	3.23	0.757	20.176	0.000	0.013
	初中	2608	3.37	0.789			
	高中/中专/技校	2175	3.44	0.807			
	大专	1244	3.47	0.845			
	本科	1488	3.49	0.858			
	硕士及以上	263	3.62	0.966			

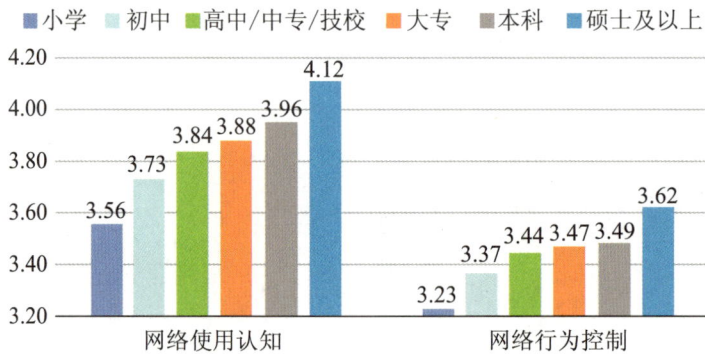

图 2-9　母亲学历——上网注意力管理能力维度(5 分制)

家庭收入水平越高的青少年在上网注意力管理能力方面的表现明显更好；对于上网注意力管理能力维度，家庭收入水平对网络使用认知、网络情感控制和网络行为控制指标均有显著影响(Sig. <0.001)，且对网络使用认知指标的影响更大。家庭收入水平越高的青少年，网络使用认知和网络行为控制表现越好(见表 2-14、图 2-10)。

表 2-14　家庭收入水平——上网注意力管理能力维度差异检验

指标	家庭收入水平	N	Mean	SD	F	Sig.	偏 η²
网络使用认知	低收入水平	594	3.51	0.825	80.968	0.000	0.034
	中等偏下收入水平	1612	3.64	0.696			
	中等收入水平	5126	3.82	0.702			
	中等偏上收入水平	1584	3.99	0.731			
	高收入水平	209	4.11	0.882			

续表

指标	家庭收入水平	N	Mean	SD	F	Sig.	偏 η²
网络情感控制	低收入水平	594	3.41	0.896	8.980	0.000	0.004
	中等偏下收入水平	1612	3.45	0.850			
	中等收入水平	5126	3.54	0.861			
	中等偏上收入水平	1584	3.55	0.943			
	高收入水平	209	3.30	1.185			
网络行为控制	低收入水平	594	3.27	0.874	18.733	0.000	0.008
	中等偏下收入水平	1612	3.33	0.758			
	中等收入水平	5126	3.40	0.801			
	中等偏上收入水平	1584	3.53	0.870			
	高收入水平	209	3.59	0.989			

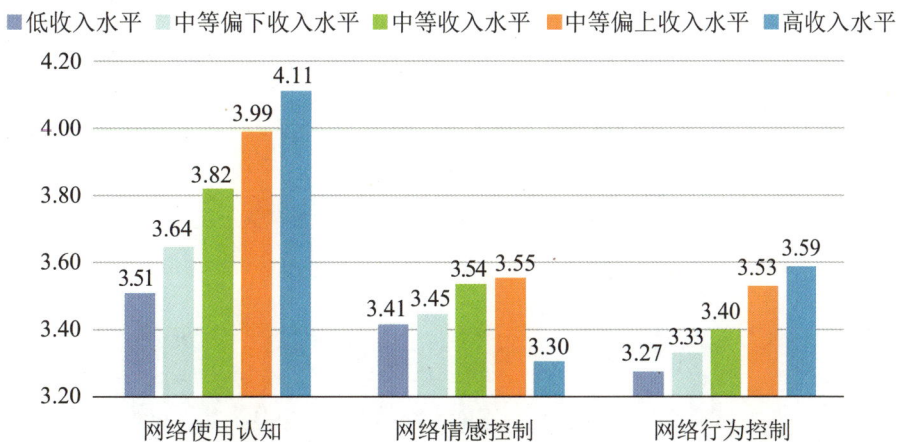

图 2-10　家庭收入水平——上网注意力管理能力维度(5 分制)

对于上网注意力管理能力维度，与父母讨论网络内容的频率对网络使用认知、网络情感控制和网络行为控制指标均有显著影响(Sig. <0.001)。与父母讨论网络内容越频繁的青少年，网络使用认知和网络行为控制表现越好，有时与父母讨论网络内容的青少年网络情感控制表现最好(见表 2-15、图 2-11)。

表 2-15　与父母讨论网络内容频率——上网注意力管理能力维度差异检验

指标	与父母讨论网络内容频率	N	Mean	SD	F	Sig.	偏 η^2
网络使用认知	几乎不	1600	3.63	0.768	104.135	0.000	0.022
	有时	5591	3.79	0.681			
	经常	1934	3.98	0.802			
网络情感控制	几乎不	1600	3.47	0.903	12.914	0.000	0.003
	有时	5591	3.55	0.827			
	经常	1934	3.44	1.024			
网络行为控制	几乎不	1600	3.26	0.864	67.932	0.000	0.015
	有时	5591	3.39	0.757			
	经常	1934	3.57	0.919			

图 2-11　与父母讨论网络内容频率——上网注意力管理能力维度(5分制)

　　青少年与父母越亲密，在上网注意力管理能力方面明显更好；对于上网注意力管理能力维度，与父母亲密程度对其网络使用认知、网络情感控制和网络行为控制指标均有显著影响(Sig. <0.001)。与父母关系越亲密的青少年，3个指标表现越好(见表2-16、图2-12)。

表 2-16　与父母亲密程度——上网注意力管理能力维度差异检验

指标	与父母亲密程度	N	Mean	SD	F	Sig.	偏 η^2
网络使用认知	不亲密	218	3.55	0.984	208.192	0.000	0.044
	一般	3458	3.62	0.674			
	非常亲密	5449	3.93	0.728			
网络情感控制	不亲密	218	3.06	1.035	123.220	0.000	0.026
	一般	3458	3.36	0.820			
	非常亲密	5449	3.62	0.902			
网络行为控制	不亲密	218	3.09	1.059	129.471	0.000	0.028
	一般	3458	3.25	0.750			
	非常亲密	5449	3.52	0.831			

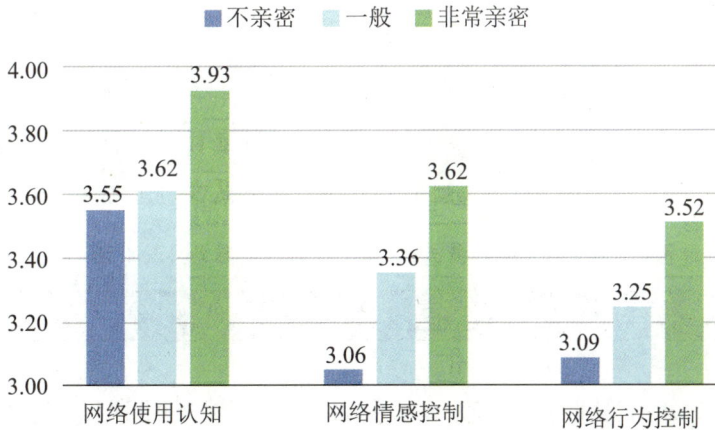

图 2-12　与父母亲密程度——上网注意力管理能力维度(5 分制)

　　父母干预上网活动的频率越高,青少年在上网注意力管理能力方面的表现明显越差。对于上网注意力管理能力维度,父母干预上网活动的频率对其网络使用认知和网络情感控制指标有显著影响(Sig. <0.001)。父母干预上网活动的频率越低,青少年网络使用认知和网络情感控制表现越好(见表 2-17、图 2-13)。

表 2-17　父母干预上网活动频率——上网注意力管理能力维度差异检验

指标	父母干预上网活动的频率	N	Mean	SD	F	Sig.	偏 η^2
网络使用认知	几乎不	1422	3.93	0.784	30.068	0.000	0.007
	偶尔	5142	3.79	0.695			
	经常	2561	3.75	0.765			
网络情感控制	几乎不	1422	3.60	0.949	51.110	0.000	0.011
	偶尔	5142	3.56	0.833			
	经常	2561	3.36	0.937			

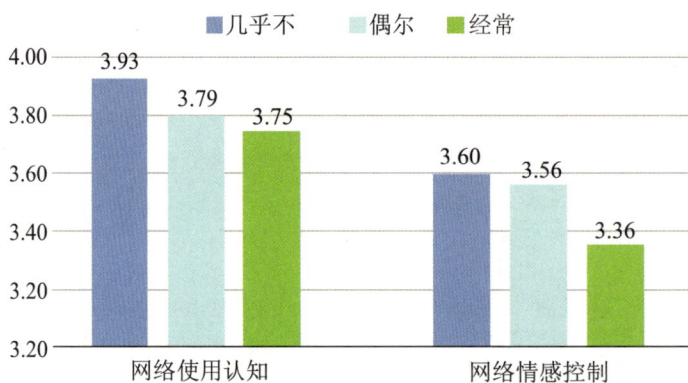

图 2-13　父母干预上网活动频率——上网注意力管理能力维度(5 分制)

3. 学校属性影响因素分析

对于上网注意力管理能力维度，学校是否开设多媒体网络课程对青少年网络使用认知、网络情感控制和网络行为控制 3 个指标均有显著影响(Sig. <0.001)。学校开设了相关课程的青少年网络使用认知、网络情感控制和网络行为控制水平明显更高(见表 2-18、图 2-14)。

表 2-18　学校是否开设网络课程——上网注意力管理能力维度差异检验

指标	学校是否 开设网络课程	N	Mean	SD	F	Sig.	偏 η²
网络使用认知	是	7661	3.83	0.719	95.619	0.000	0.010
	否	1464	3.63	0.776			
网络情感控制	是	7661	3.53	0.886	19.054	0.000	0.002
	否	1464	3.42	0.885			
网络行为控制	是	7661	3.43	0.814	55.440	0.000	0.006
	否	1464	3.26	0.830			

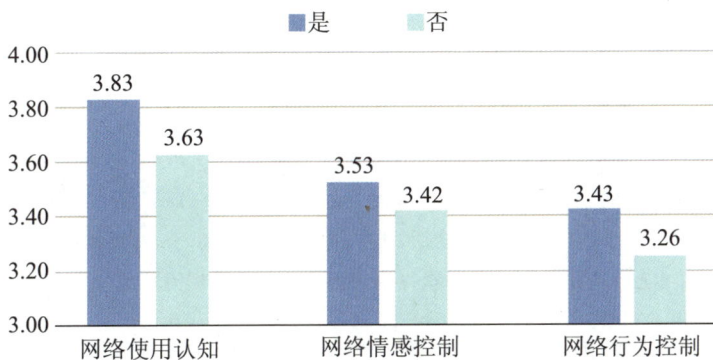

图 2-14　学校是否开设网络课程——上网注意力管理能力维度(5分制)

对于上网注意力管理能力维度，网络课程收获程度对网络使用认知、网络情感控制和网络行为控制指标均有显著影响（Sig. <0.001）。网络课程收获越大的青少年，三个指标表现越好（见表 2-19、图 2-15）。

表 2-19　网络课程收获程度——上网注意力管理能力维度差异检验

指标	网络课程 收获程度	N	Mean	SD	F	Sig.	偏 η²
网络使用认知	几乎没有收获	317	3.63	0.826	249.641	0.000	0.061
	有些收获	3921	3.68	0.654			
	收获很大	3423	4.03	0.730			
网络情感控制	几乎没有收获	317	3.32	0.924	27.541	0.000	0.007
	有些收获	3921	3.48	0.792			
	收获很大	3423	3.60	0.973			

续表

指标	网络课程 收获程度	N	Mean	SD	F	Sig.	偏 η^2
网络行为控制	几乎没有收获	317	3.11	0.891	203.873	0.000	0.051
	有些收获	3921	3.28	0.724			
	收获很大	3423	3.63	0.856			

■几乎没有收获　■有些收获　■收获很大

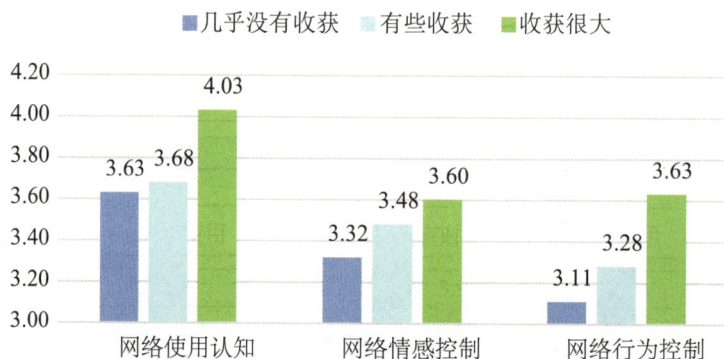

图 2-15　网络课程收获程度——上网注意力管理能力维度(5 分制)

学校有移动设备管理规定的青少年，比没有移动设备管理规定的上网注意力管理能力明显更高；对于上网注意力管理能力维度，学校有无移动设备管理规定对青少年的网络使用认知、网络情感控制和网络行为控制指标均有显著影响（Sig. <0.05）。学校有移动设备管理规定的青少年网络使用认知、网络情感控制和网络行为控制能力更强（见表 2-20、图 2-16）。

表 2-20　学校有无移动设备管理规定——上网注意力管理能力维度差异检验

指标	学校有无移动 设备管理规定	N	Mean	SD	F	Sig.	偏 η^2
网络使用认知	是	8285	3.82	0.723	58.112	0.000	0.006
	否	840	3.62	0.792			
网络情感控制	是	8285	3.51	0.886	4.044	0.044	0.000
	否	840	3.45	0.890			
网络行为控制	是	8285	3.42	0.809	48.683	0.000	0.005
	否	840	3.22	0.883			

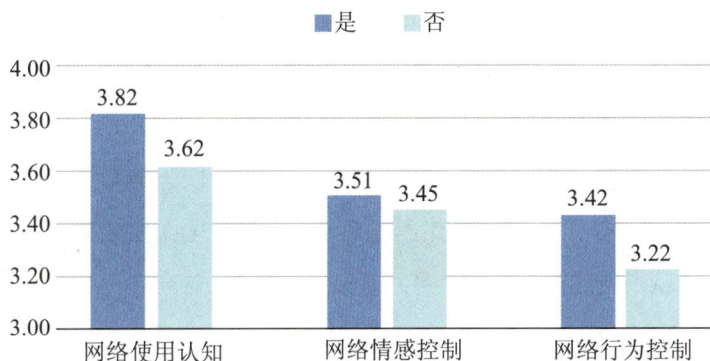

图 2-16　学校有无移动设备管理规定——上网注意力管理能力维度(5 分制)

上课使用手机频率越高的青少年在上网注意力管理能力方面的表现也越差。对于上网注意力管理能力维度，上课使用手机频率对青少年网络使用认知和网络情感控制指标有显著影响(Sig. <0.01)。上课有时候使用手机的青少年网络使用认知表现相对较差，经常使用手机的青少年网络情感控制能力明显较差(见表 2-21、图 2-17)。

表 2-21　上课使用手机频率——上网注意力管理能力维度差异检验

指标	上课使用手机频率	N	Mean	SD	F	Sig.	偏 η^2
网络使用认知	从未使用	6993	3.81	0.720	3.973	0.008	0.001
	不经常使用	742	3.77	0.719			
	有时候使用	913	3.73	0.740			
	经常使用	477	3.79	0.884			
网络情感控制	从未使用	6993	3.55	0.862	48.358	0.000	0.016
	不经常使用	742	3.48	0.904			
	有时候使用	913	3.48	0.892			
	经常使用	477	3.05	1.053			

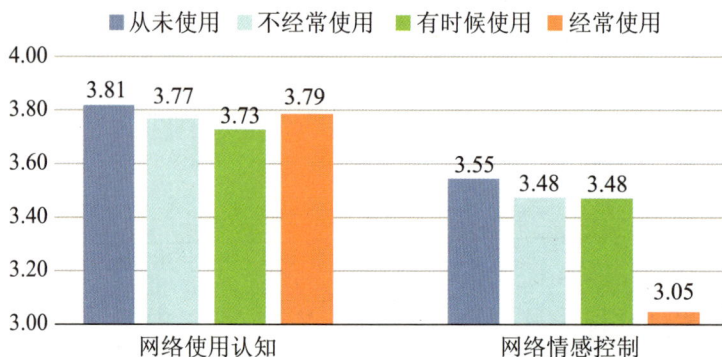

图 2-17　上课使用手机频率——上网注意力管理能力维度(5 分制)

三、改善上网注意力管理能力的有效策略

(一) 如何有效地上网

青少年的大脑发育尚未完全，注意控制能力有待提高，这是一个非常正常的现象，并不是一个犹如洪水猛兽般的严重问题。这实际上是随着青少年大脑发育逐渐成熟以及正确策略引导就可以解决的问题。它是正常发展的现象，是每个人成长的必经之路。每个人都有青春期，青春期必然经历一些问题和迷茫，只需加以正确的引导和规范即可。

第一，相信自己，我能做到。想要解决互联网滥用、误用的问题，就要树立解决问题的信心，要相信自己有这样的能力控制自己的注意。我们每个人都需要学会跟上自己的注意力高峰节奏。尽管我们的注意存在无意识加工的过程，但同时也有有意识加工的过程。青少年只要充分运用注意本身的特性控制注意的有意识加工过程，就能够正确地把注意资源进行合理分配和管理的。

第二，家庭、学校、社会多层体系支持。注意力管理不仅涉及青少年个体层面，它还需要家庭、学校、社会多层体系的参与和支持。可能很多同学都有这样的误区，认为个人的注意就是个体自身的问题。事实上这其中也有家庭、学校、社会的影响因素。许多青少年出现互联网成瘾行为，其实问题并不仅仅在青少年本身。我们在剖析个案的过程中往往会发现，每一个个案的背后，都有着其深刻的家庭、学校、社会因素。这就需要家长、教师和社会人群对其进行体系化支持与制度规划。例如，很多青少年出现互联网使用方面的问题是因为家长陪伴的缺失，许多家长由于社会、工作等压力，很难匀出时间陪伴孩子，导致青少年缺乏与家人的良性互动。在其自我意识萌发的阶段，他只能不自主地去寻求刺激。这实际上是造成青少年网络成瘾的重要原因之一。这一问题也是社会需要花很多时间以及成本来解决的，并不能一蹴而就地解决。这就需要社会以及制度层面的力量。

(二) 上网注意力个人管理策略

在个人层面，怎么样能够让我们的注意力管理达到一个比较好的状态呢？

首先一个很好的方法就是要根据自己的目的调整互联网的使用策略。尝试把自己对互联网的使用分成不同目标场景，根据目标场景达成不同的策略。一般来说，青少年使用互联网主要有如下几个场景。

第一个场景——获取资讯与学习知识。在这样的情景下，我们怎样使用互联网呢？一个很好的办法就是设置待办事项。首先，用手和纸笔，而不是电脑、手机等电子设备，把需要达成的任务和目标完整地列出来，根据重要性依次排列，最重要的排在首位，假如最重要的事是"检索数学作业的相关信息"，那便将它排在第一位。紧接着依次列出所有待办事项，并严格规定使用时间，然后根据问题有针对性地检索、浏览互联网上的信息，这样就可以很大程度上提高使用互联网的效率，充分利用互联网这一工具学习知识、获取资讯。

第二个场景——社会交往。社会交往是必不可少的过程，但是它需要我们主动地进行控制，青少年需要认清哪些朋友是值得交往的，哪些朋友是不值得交往的，要分清哪些朋友是能够给你带来好的影响、促进你进步的，哪些朋友是给你带来坏的影响的。

青少年要严格地把自己和朋友进行交往的时间和范围限定在一个合理的范围之内。我们每天都要使用社交软件，这些软件很大程度上利用了快乐奖励系统——和朋友交往自然会带来愉悦和快乐的心情。那么这些软件的使用实际上也调动了快乐奖赏回路。因此，青少年要有意识地利用自己的控制力把每天花在社交产品上的时长限制在一个合理的范围之内，建议设置在一到两个小时之间。有了这样的范围，青少年可以利用这段时间，高效地和朋友进行深度交往，可以与他们分享自己生活中的喜怒哀乐，交流彼此的感受，使社会交往过程处于自己的把控范围之内。

第三个使用场景——休闲和娱乐。休闲和娱乐应该是很多人使用互联网用时最长的一个需求，包括玩网络游戏、听音乐或者看综艺节目等。这些都需要调动我们的控制力，利用我们的前额叶控制自己的行为。互联网其实并不是我们休息时间的全部，它应该只占我们所有休息时间的一部分。比起沉迷网络游戏或影视剧，我们还可以寻找让休息时间更有效率的方法，而不应将大部分甚至所有时间都消耗在互联网中。

(三)尝试健康的生活方式，摆脱网络带来的束缚

除了掌握互联网使用策略之外，更重要的是我们要摆脱网络带来的束缚，从更高的维度重新审视互联网究竟给我们带来了什么。对此有以下建议。

1. 多做户外活动

青少年近视率的上升是如今社会较严重的问题。近视的防治实际上与互联网的使用也有着密切关系。最近有一项关键的研究指出：造成青少年近视发生的重要因素之一，就是电子媒介的使用时间增长导致其与阳光的接触变少，户外运动也随之减少。有研究发现，即便每天只是单纯地晒半小时至两小时太阳，没有进行任何体育锻炼，也会对近视的防治有显著效果。阳光、水和空气是我们生命必需的三要素，多晒太阳对近视防治具有很好的效果，再加之适当的户外活动，如登山、游泳、跑步、球类运动等，不仅可以给我们带来健康的身体，而且有利于心理健康。

古希腊有一句名言，"健康的灵魂只能孕育在健康的身体之中"。研究指出，每天进行大约30分钟的有氧运动对我们的情绪调节是非常有利的。因此，走出屋门、走出教室，去户外进行一些有氧活动，多晒太阳，对于我们的情绪健康和注意力管理也有极好的正面作用。

2. 保证充足睡眠

青少年每天需要9～10个小时的充足睡眠来促进身体发育，但是很多青少年往往由于课业的压力，或手机、电脑的过度使用，导致睡眠不足。因此，建议青少年尽量保证充足的睡眠以维持身体生长发育的需要。

3. 进行注意训练

一些心理学方面的训练和干预手段，可以提高注意力管理水平。比如，在专业人士的指导下使用专业的注意力训练方法提高注意管理能力。倘若没有这样的条件，我们也可以采用调节呼吸、调节情绪等简单易行的小方法。

4. 设置阶段目标

尝试设置阶段性的小目标，完成了一个小目标之后给予自己一定的奖励，以提高自己积极的情绪，这也是一种常用的方法。比如，玩简单游戏这样的无意识活动能让我们暂时快乐，如果有策略地使用这些活动，还可以帮助我们缓解精神压力。

5. 生物反馈法

调节呼吸和心率(这是一种十分典型的生物反馈法，当进行多次深呼吸后，我们的情绪就会逐渐地平静下来)以及冥想的训练，都是积极有效的调节情绪和注意能力，并改善注意管理水平的方法。

我们的目标应该是实现不同类型注意力状态的平衡，而不是试图实现心流。我们可以学会适应自己的注意力节奏——找到焦点，与分心作斗争，最终在日常工作和生活中达成满意的目标。

第三章　网络信息搜索与利用

网络信息搜索与利用已经成为人们日常工作和生活中不可或缺的行为。网络信息搜索是为信息利用服务的，网络信息搜索是用户利用网络进行的信息搜索行为，它是受需求驱动的，包括浏览信息、筛选信息、利用信息等环节。在信息海洋中，我们要学会利用搜索引擎、数据库、生成式人工智能的提示词等先进的搜索工具，以正确的方法找到准确的答案。只要我们掌握了信息搜索的基本攻略和技巧，并且不断学习和实践，那么我们就可以在浩渺无垠的信息海洋里自由自在地遨游。

一、信息行为模型

(一)网络信息的搜索与利用

英国情报学家 Wilson T. D. 将信息行为相关概念总结为基于一个联系在一起的嵌套模型，他认为："信息搜索是介于信息行为和信息检索两个概念之间的有意识进行的一种没有特定检索策略的信息活动。"[①]也就是说，信息搜索是受某种需求驱使的，其目的在于利用信息解决问题。1996 年，他提出"信息行为模型"(见图 3-1)。信息行为的开始是从"需求"出发，到最终的处理和利用，该过程中涉及的各种信息行为共同构成了一个有序的循环，且在此过程中包含各种中间变量及影响因素。他还将"压力—应对理论""风险—报偿理论"及"自我效能感""社会学习理论"等理论模型的重要内容吸纳进来，使得该模型更加合理可行。

---

① Wilson T. D. , "Human Information Behavior," *Information Science*, 2000, 3 (02).

德文也认为，信息搜索活动是一连串互动的、解决问题的行为过程，并以此提出了信息寻求行为模型（见图3-2）。① 人们通过信息搜索进行主观知识的构建，通过一系列的沟通实践找到自己所需要的信息并加以利用。

埃利斯通过对各类社会科学家的个体信息搜寻模式进行分析，归纳出信息搜寻活动包括开始、浏览、联接、跟踪、区分、采集、证实和结束环节（见图3-3）。②

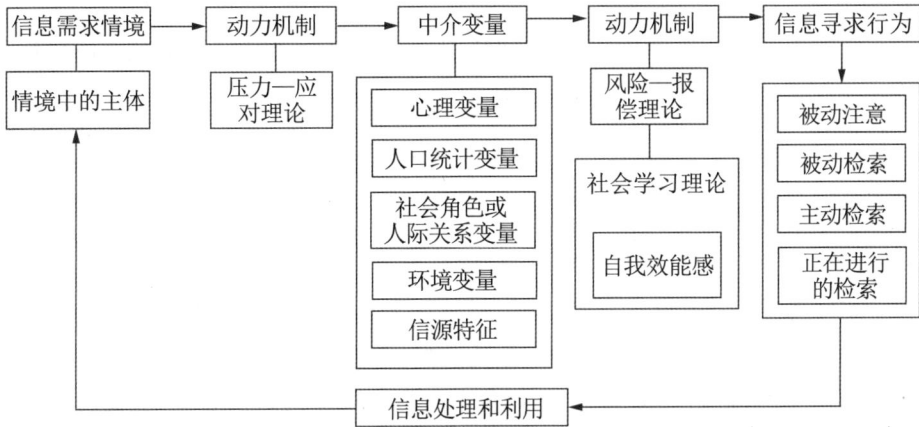

图 3-1 Wilson 信息行为模型

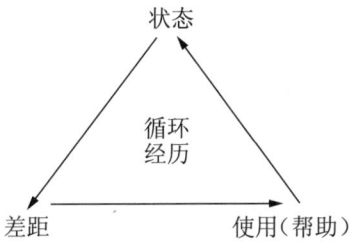

图 3-2 德文信息寻求行为模型　　图 3-3 埃利斯信息寻求行为模型

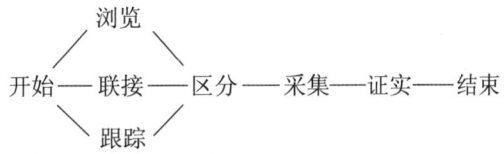

Bates 提出用户搜索行为可以划分为步骤、策略、谋略和战略。③ 网络信息搜索行为实质是一种基于用户信息需求的认知行为，整个行为包括 3 个部分：需求表达、查询和结果评价。

---

① Dervin B., "An Overview of Sense-making Research: Concepts, Methods and Results," Annual Meeting of the International Communication Association, TX, Dallas, 1983.

② Ellis D., "A Behavioural Model for Information Retrieval System Design," *Journal of Information Science*, 1989, 15(04-05).

③ Bates M. J., "Where Should the Person Stop and the Information Search Interface Start?," *Information Processing & Management*, 1990, 26 (05).

库尔梭从 1983 年起对高中生进行信息搜索过程研究，信息搜寻过程分为 6 个阶段，即任务开始、主题选择、观点形成前探索、观点形成、信息收集和搜寻结束。[1]

既然信息搜索是一种有目的的活动，人们在进行信息搜索时自然也是带着任务的。Li 等人认为"任务是用户通过与信息系统进行有效交互来完成的"[2]，任务是影响信息搜索行为的主要因素，将对用户选择、发现和评估信息资源等行为产生影响。[3] Kim 从智力类型角度将任务分为事实型、解释型和探索型。事实型任务重在对客观存在的事实信息的搜索，任务结果是客观的，呈封闭性；解释型任务重在对信息的理解和归纳，其搜索结果具有一定的开放性；探索型任务重在通过搜索来作出高智能决策，其搜索结果完全开放。执行三种搜索任务对智力要求依次升高。[4] Bystrom 也对信息搜索与利用的任务进行了划分，分别是低难度、高难度与中等难度，其划分依据则是用户完成搜索任务的主观感受。[5] 任务的难易程度是影响信息搜索与利用成功与否的关键性因素。Ingrid 等人认为搜索任务的智力类型对搜索结果和检索词输入次数产生影响。[6] Ghosh 等人则基于修订后的 Bloom 认知分类法，设计了 4 种不同认知程度的搜索任务，探讨了不同任务类型下的用户搜索行为差异和学习效果差异。[7] 此外，行为主体的相关因素也对信息搜索与利用产生着影响。Kuhlthau 等人认为用户的认知、情感等是网络信息搜索行为的核心因素，信息搜索的每个阶段都与用户的认知和

① Kuhlthau, C. Collier, "The Library Research Process: Case Studies and Interventions with High School Seniors in Advanced Placement English Classes Using Kelly's Theory of Constructs," *Rutgers University The State University of New Jersey*, School of Graduate Studies, 1983.

② Li Y., Belkin N. J., "A Faceted Approach to Conceptualizing Tasks in Information Seeking," *Information Processing & Management*, 2008, 44(06).

③ Solomon P., "Discovering Information in Context," *Annual Review of Information Science and Technology*, 2005, 36(01).

④ Kim J., "Describing and Predicting Information-Seeking Behavior on the Web," *Journal of the American Society for Information Science and Technology*, 2009, 60(04).

⑤ Byström K., "Information and Information Sources in Tasks of Varying Complexity," *Journal of American Society for Information Science and Technology*, 2002, 53(07).

⑥ Ingrid Hsieh Yee., "Search Tactics of Web Users in Searching for Texts, Graphics, Known Items and Subjects," *Library Quarterly*, 1996, 66(02).

⑦ Ghosh S., Rath M., Shah C., "Searching as Learning: Exploring Search Behavior and Learning Outcomes in Learning-Related Tasks," Proceedings of the 2018 Conference on Human Information Interaction and Retrieval.

情感密切相关。①

　　国内学者在继承和发展国外关于信息搜索与利用的相关内容的基础上，对如何更好地进行信息搜索与利用进行了探讨。孙晓宁等从搜索用户和搜索系统两方面提出了建议，他们认为："对于搜索用户，应强调对学习目标内容的辨识和思考，明确检索主题，提升信息筛选与甄别能力；对于搜索系统，宜考虑便于用户在浏览页面过程中对搜索内容进行标记的相关功能设计。"②陆溯则对大学生信息搜索行为进行了实证研究，认为大学生在对信息进行搜索和利用时存在不主动选择搜索引擎、对结果的来源和可靠性不加分辨、不重视信息线索等问题，并提出了改进措施——"高校信息素质教育需要结合大学生的信息行为，调整信息素质教育的培训内容，达到最佳的教学效果。"③成全等发现当用户收到多平台信息刺激时，注意力控制水平将影响其信息搜索行为，并为优化跨平台学术信息搜索行为提出建议："加强用户注意力控制水平锻炼，培养良好的注意转移能力。鼓励用户培养定期进行跨平台学术信息搜索的习惯，提高其对信息的自我效能及有用性感知。"④此外，还有不少学者对图书馆的信息搜索进行了研究。为提高学术用户信息服务的效果与满意度，杨倩提出："将四种服务类型（基础型服务、辅导型服务、辅助型服务、专业型服务）与四个阶段（目标领域未定、目标领域已定搜索策略未定、搜索策略已定搜索目标未定、搜索目标已定）相结合，形成16种个性化信息服务方案。"⑤

（二）网络时代信息搜索与利用

　　目前，学界关于信息辨别能力并没有统一、明确的概念。有学者指出，媒介信息

　　①　Kuhlthau, C. Collier, "Inside the Search Process: Information Seeking from the User's Perspective," *Journal of the American Society for Information Science and Technology*, 1991, 42(05).

　　②　孙晓宁，姚青：《信息搜索用户学习行为投入影响研究：基于认知风格与自我效能》，载《情报理论与实践》，2020(10)。

　　③　陆溯：《大学生网络信息搜索行为实证研究——基于搜索引擎的利用》，载《图书馆理论与实践》，2018(01)。

　　④　成全，刘彬彬：《用户跨平台学术信息搜索行为影响因素研究：注意力控制与自我效能的调节作用》，载《情报科学》，2022(02)。

　　⑤　杨倩：《探索式搜索行为的先验知识分析与信息服务策略研究》，载《图书情报知识》，2021(02)。

辨别能力包括媒介种类、筛选虚假信息、不良信息、理解广告本质。① 曾令辉等认为，大学生网络信息辨察能力指的是大学生对网络信息的辨别能力和洞察能力。② 它是大学生分辨网络信息真伪、区别网络信息异同，并由网络信息的表面现象发现其本质的能力。③ 在信息辨别能力中，网络谣言的辨别能力是学者们关注的话题。学者田野认为，大学生网络谣言辨识力体现为辨析、判断、鉴别、抵御网络谣言的能力。④ 有学者针对网络谣言辨别能力的影响因素开展了实证研究。学者刘鸣筝等通过问卷调查发现，微博用户对谣言辨别能力与性别、学历和对意见领袖的选择偏好显著相关，与社交网络密度中的微博关注数量呈正相关关系。⑤ 有学者通过问卷调查发现，大学生的突发公共卫生事件网络谣言辨别能力处于中等水平，家庭收入、突发公共卫生事件信息关注程度、谣言应对方式、死亡焦虑和电子健康素养是大学生突发公共卫生事件网络谣言辨别能力的影响因素。⑥

随着网络时代的到来，互联网以其强大的资源整合能力，为用户的信息搜集与利用带来了极大的便利，互联网已成为信息搜集的主要平台。Choo 将认知、情感、情境以及环境作为影响网络信息搜索的 4 个因素，并从信息需求、信息搜索和信息利用 3 个阶段对这些影响因素进行考量，指出："信息需求阶段会受到压力、认知等情感因素的影响，而信息源的质量、用户动机和信息源的可访问性则会影响到信息搜索阶段的行为。"⑦作为一种目的驱动的行为活动，网络信息搜索行为适合用以解决信息问题为目的的模型。Brand Gruwel 认为任务定义、信息查询策略、定位和获取、信息使用、信息整合以及评估成功地描述了信息搜索过程。他还引入了思维控制的概念，指出"思维控制参与整个信息搜索过程，对具体行为有不同作用，且有 4 种不同功能：

---

① 慈璇：《媒介信息辨别能力提升研究》，载《采写编》，2022(02)。

② 曾令辉：《网络思想政治教育概论》，23 页，南宁，广西民族出版社，2002。

③ 骆郁廷，骆虹：《论大学生网络谣言辨识力的提升》，载《思想理论教育》，2020(03)。

④ 田野：《思想政治教育视域下大学生网络信息辨察能力的培养和引导》，硕士学位论文，东北师范大学，2013。

⑤ 刘鸣筝，孔泽鸣：《媒介素养视阈下公众谣言辨别能力及其影响因素的实证研究》，载《新闻大学》，2017(04)。

⑥ 胡嘉敏，李红林，杨祎玲等：《大学生突发公共卫生事件网络谣言辨别能力调查》，载《护理学杂志》，2022(08)。

⑦ BCW Choo, "Closing the Cognitive Gaps: How People Process Information," *Financial Times of London*, March, 1999.

定位、检测和转向、评估"①。Pardi 等则研究了不同信息资源环境下，用户在信息搜索过程中知识结构的变化程度，发现记忆力和阅读理解能力对变化程度有正向影响。② 可见，国外学者对网络信息搜索与利用的影响因素进行了深入研究，有助于在互联网时代更好地进行信息的搜索与利用。

一方面，国内学者对网络信息搜索与利用的风险进行了研究。李祎惟等采用结构方程模型的分析方法，从社会认知理论出发考察社交媒体环境中信息的质量对受众反应的作用过程，得出："信息质量可以通过影响用户的风险认知、风险知识水平和自我效能三个变量影响其风险信息搜索行为。"③从而证明了网络所构建的信息环境会显著作用于人们对风险的认知和行为反应，因此要做好风险传播中的有效公众沟通以及线上风险信息管理。彭小青等人指出，网络疑难症是一种伴随着信息时代的"新型风险"，"与健康焦虑、在线健康信息搜索密切相关，以反复过度在线搜索而引起健康焦虑升级为特征"④，并探讨了其测量工具与研究现状，以期进一步探明网络疑难症的发生和发展机制。王茜等则对搜索算法进行评估，他们发现："由于人们容易被各种博眼球的错误信息所吸引并点击，网站会根据搜寻结果提供类似的信息资料，当人们搜索信息时就已经进行了信息过滤，助长了错误信息在网络中的传播。"⑤另一方面，国内学者也对如何更好地进行网络信息的搜索和利用进行了深入研究。李强等分析了网络空间物联网信息搜索相关研究工作，提出了加强和改善网络空间信息搜索与利用的策略——"通过布置探测器，采取主动或被动的探测技术，结合探测策略，收集网络空间中的相关数据，基于物联网信息的指纹技术，识别网络空间中的物联网信息。"⑥赵一鸣等人采用实验研究法，提取了用户移动端网络搜索系统使用及切换的完整路径，并在此基础上提出"移动端搜索系统（APP）可以尝试为用户提供多样化的

①　Brand Gruwel S., Wopereis I., Vermetten Y., "Information Problem Solving by Experts and Novices: Analysis of a Complex Cognitive Skill," *Computers in Human Behavior*, 2005, 21(03).

②　Pardi G., Hoyer J. V., Holtz P., et al., "The Role of Cognitive Abilities and Time Spent on Texts and Videos in a Multimodal Searching as Learning Task," Proceedings of the 2020 Conference on Human Information Interaction and Retrieval.

③　李祎惟，郭羽：《网络传播与认知风险：社交媒体环境下的风险信息搜索行为研究》，载《国际新闻界》，2020(04)。

④　彭小青，陈阳，欧阳威，等：《网络疑病症：信息时代下的"新兴风险"》，载《中国临床心理学杂志》，2020(02)。

⑤　王茜，希拉格·沙：《搜索引擎如何传播错误信息》，载《青年记者》，2021(07)。

⑥　李强，贾煜璇，宋金珂，等：《网络空间物联网信息搜索》，载《信息安全学报》，2018(05)。

搜索功能和体验，以减少用户的搜索系统切换；设计、开发面向任务的搜索界面或入口，尝试集成多种不同类型的移动搜索系统或 APP，为基于任务的搜索活动提供集成的搜索环境。"①换言之，能够有效地利用互联网完成信息检索、使用，并使其成为自己的学习工具是用户认为的信息搜索和整合能力的理想水平。

搜索引擎在智能时代逐渐演变为生成式人工智能（AIGC）。生成式人工智能是指基于算法、模型、规则生成文本、图片、声音、视频、代码等内容的技术。生成式人工智能的变革性体现在几个方面：一是适用场景广泛，未设定明显的应用场景边界，可广泛服务于信息检索、社交互动、内容创作等多元使用动机；二是生成内容智能化、类人化，生成内容高度近似于人类的思维模式，输出内容体现连贯性与逻辑性；三是具备鲜明的对话式、社交式特征，可根据用户生成内容不断自我学习，具有与用户构建情感化社交关系的潜力，或可极大提升用户的使用体验。因此。生成式人工智能有望成为下一代网络入口和超级媒介，信息搜索也将进入智能时代。面向未来，聊天机器人将进一步深度介入人类传播行为的各种形态。

二、网络信息搜索与利用能力的构成与影响因素

（一）研究框架

通过文献梳理和前测考察，我们把青少年网络信息搜索与利用能力的指标划分为两个一级指标：信息搜索与分辨、信息保存与利用（见表 3-1）。

表 3-1　网络信息搜索与利用能力指标体系

维度	一级指标	项数
网络信息搜索与利用能力	信息搜索与分辨	6
	信息保存与利用	5

我们构建了关于"网络信息搜索与利用能力"的问题量表如下。

---

① 赵一鸣，李倩：《用户移动搜索系统使用路径的提取与评价研究》，载《图书情报工作》，2021（11）。

·上网搜索信息时，我知道哪些信息是我需要的(信息搜索与分辨)。

·我能区分原创信息和转载信息(信息搜索与分辨)。

·我能区分真实信息和虚假信息(信息搜索与分辨)。

·上网搜索信息时，我能确定需要搜索信息的关键词是什么(信息搜索与分辨)。

·我能选择合适的信息检索方法或途径来查找所需要的信息(信息搜索与分辨)。

·上网搜索信息时，我掌握扩大搜索范围的方法或途径(信息搜索与分辨)。

·为熟悉某个话题，我会上网浏览大量信息(信息保存与利用)。

·我能把新信息整合到已有的知识结构中(信息保存与利用)。

·我能够将搜索到的信息分门别类地进行保存(信息保存与利用)。

·我能通过网络搜索，解决现实中的某个问题或困难(信息保存与利用)。

·我能利用网络制作、加工或发布作品，如视频、图片、文章等(信息保存与利用)。

(二) 网络信息搜索与利用能力信效度检验

经过信度和效度检测，网络信息搜索与利用的克隆巴赫 Alpha 指数为 0.945，信度较好(见表 3-2)；巴特利特球形度检验相应的概率的显著性为 0.000，小于 0.05，因而可以认为相关系数的矩阵与单位矩阵有显著性差异；KMO 的值为 0.955，大于 0.6，原有的变量具有较好的研究效度(见表 3-3)。

表 3-2　网络信息搜索与利用能力可靠性分析

维度	指标	克隆巴赫 Alpha 系数	项数
网络信息搜索与利用能力	总体	0.945	11
	信息搜索与分辨	0.926	6
	信息保存与利用	0.869	5

表 3-3　网络信息搜索与利用能力 KMO 取样适切性量数和巴特利特球形度检验

KMO 取样适切性量数		0.955
巴特利特球形度检验	近似卡方	78985.988
	自由度	55
	显著性	0.000

(三) 网络信息搜索与利用能力得分

在青少年网络信息搜索与利用素养方面，青少年的网络信息搜索与分辨能力较好，优于信息保存与利用能力。在信息保存方面，青少年分类保存搜索到的信息和利用不同信息保存格式有所提高。同时，青少年信息利用的能力亟待提升，因为信息利用是信息搜索和整合的目标所在。提高青少年信息保存与利用能力，是综合培养信息搜索与利用能力的关键(见表3-4)。

表3-4 网络信息搜索与利用能力指标体系得分

维度	一级指标	得分(五分制)	二级指标	得分
网络信息搜索与利用能力	信息搜索与分辨	3.78	目标性	3.69
			搜索程度	3.84
			分辨能力	3.75
	信息保存与利用	3.51	信息效果	3.42
			信息保存	3.69

(四) 影响青少年网络信息搜索与利用能力的因素分析

1. 个人属性影响因素分析

不同性别之间的信息搜索与分辨和信息保存与利用能力均有显著差异($Sig. < 0.001$)。男生的信息搜索与分辨能力、信息保存与利用能力均明显强于女生(见表3-5、图3-4)。

表3-5 性别——网络信息搜索与利用能力维度差异检验

指标	性别	N	Mean	SD	F	Sig.	偏η^2
信息搜索与分辨	男	4608	3.71	0.818	32.427	0.000	0.004
	女	4517	3.62	0.715			
信息保存与利用	男	4608	3.52	0.813	15.925	0.000	0.002
	女	4517	3.46	0.726			

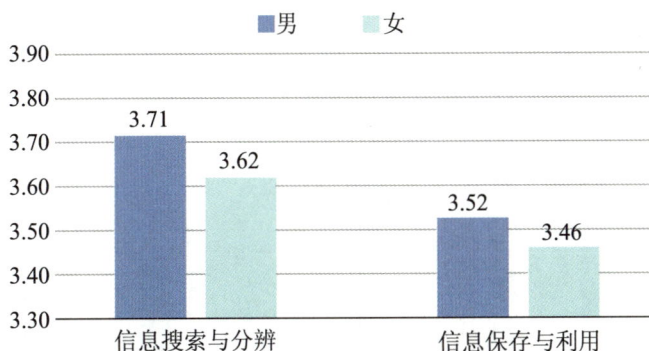

图 3-4 性别——网络信息搜索与利用能力维度(5 分制)

不同年级之间的信息搜索与分辨能力、信息保存与利用能力均有显著差异（Sig. <0.001）。无论初中还是高中，高年级青少年的信息搜索与分辨能力、信息保存与利用能力基本高于低年级青少年(见表 3-6、图 3-5)。

表 3-6 年级——网络信息搜索与利用能力维度差异检验

指标	年级	N	Mean	SD	F	Sig.	偏 η^2
信息搜索与分辨	七年级	1961	3.63	0.822	5.365	0.000	0.003
	八年级	1866	3.73	0.788			
	九年级	1813	3.69	0.742			
	高一	1470	3.61	0.734			
	高二	1219	3.66	0.742			
	高三	796	3.70	0.760			
信息保存与利用	七年级	1961	3.38	0.831	13.713	0.000	0.007
	八年级	1866	3.52	0.781			
	九年级	1813	3.51	0.747			
	高一	1470	3.49	0.731			
	高二	1219	3.54	0.742			
	高三	796	3.60	0.739			

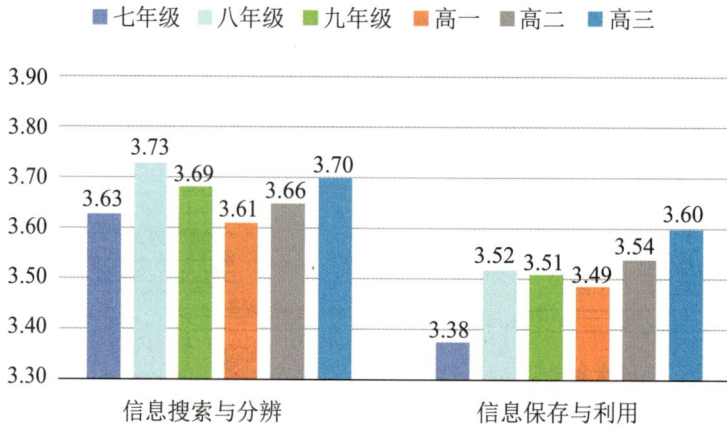

图 3-5　年级——网络信息搜索与利用能力维度(5分制)

不同成绩水平的青少年信息搜索与分辨能力、信息保存与利用能力均有显著差异(Sig. <0.001)。成绩越好的青少年,信息搜索与分辨能力、信息保存与利用能力也明显越强(见表 3-7、图 3-6)。

表 3-7　成绩——网络信息搜索与利用能力维度差异检验

指标	成绩	N	Mean	SD	F	Sig.	偏 η^2
信息搜索与分辨	下游	1435	3.53	0.828	119.165	0.000	0.025
	中等	5315	3.62	0.732			
	优秀	2375	3.87	0.781			
信息保存与利用	下游	1435	3.38	0.824	91.520	0.000	0.020
	中等	5315	3.44	0.734			
	优秀	2375	3.67	0.792			

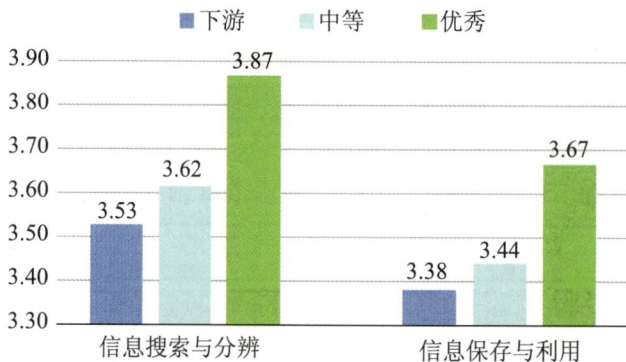

图 3-6　成绩——网络信息搜索与利用能力维度(5分制)

　　不同户口类型的青少年其信息搜索与分辨能力以及信息保存与利用能力表现均有显著差异(Sig. <0.001)。拥有城市户口的青少年其信息搜索与分辨能力、信息保存与利用能力明显高于农村户口的青少年(见表3-8、图3-7)。

表3-8　户口类型——网络信息搜索与利用能力维度差异检验

指标	户口类型	N	Mean	SD	F	Sig.	偏 η^2
信息搜索与分辨	城市	4925	3.79	0.782	288.346	0.000	0.031
	农村	4200	3.52	0.730			
信息保存与利用	城市	4925	3.61	0.788	237.397	0.000	0.025
	农村	4200	3.36	0.730			

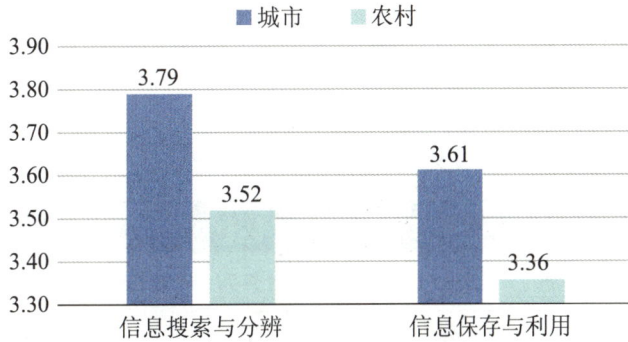

图3-7　户口类型——网络信息搜索与利用能力维度(5分制)

　　不同地区的青少年信息搜索与分辨能力、信息保存与利用能力均有显著差异(Sig. <0.001)。东部地区的青少年信息搜索与分辨能力、信息保存与利用能力明显高于其他地区(见表3-9、图3-8)。

表3-9　地区——网络信息搜索与利用能力维度差异检验

指标	地区	N	Mean	SD	F	Sig.	偏 η^2
信息搜索与分辨	东部	3063	3.78	0.802	62.406	0.000	0.013
	中部	2105	3.66	0.707			
	西部	3957	3.58	0.766			
信息保存与利用	东部	3063	3.62	0.811	66.679	0.000	0.014
	中部	2105	3.44	0.715			
	西部	3957	3.42	0.757			

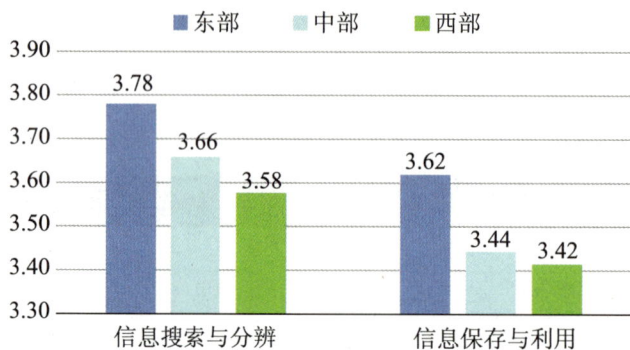

图 3-8 地区——网络信息搜索与利用能力维度(5 分制)

日均上网时长对信息保存与利用指标有显著影响(Sig. <0.001),对信息搜索与分辨指标无显著影响。日均上网时长越长,青少年对信息的保存与利用表现越好(见表3-10、图 3-9)。

表 3-10 日均上网时长——网络信息搜索与利用能力维度差异检验

指标	日均上网时长	N	Mean	SD	F	Sig.	偏 η^2
信息保存与利用	1 个小时以下	3758	3.45	0.795	10.799	0.000	0.004
	1～3 个小时	3800	3.51	0.721			
	3～5 个小时	969	3.52	0.759			
	5 个小时以上	598	3.62	0.923			

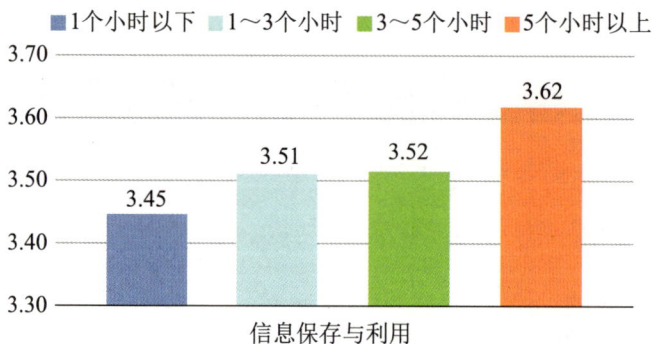

图 3-9 日均上网时长——网络信息搜索与利用能力维度(5 分制)

网络技能熟练度对信息搜索与分辨、信息保存与利用指标均有显著影响（Sig. <0.001）。网络技能非常熟练的青少年信息搜索与分辨、信息保存与利用表现最好（见表 3-11、图 3-10）。

表 3-11　网络技能熟练度——网络信息搜索与利用能力维度差异检验

指标	网络技能熟练度	N	Mean	SD	F	Sig.	偏 η^2
信息搜索与分辨	非常不熟练	685	3.57	0.956	296.665	0.000	0.115
	不熟练	559	3.41	0.730			
	一般	2918	3.42	0.662			
	比较熟练	2511	3.64	0.649			
	非常熟练	2452	4.07	0.791			
信息保存与利用	非常不熟练	685	3.33	0.998	365.997	0.000	0.138
	不熟练	559	3.19	0.704			
	一般	2918	3.23	0.622			
	比较熟练	2511	3.48	0.619			
	非常熟练	2452	3.93	0.817			

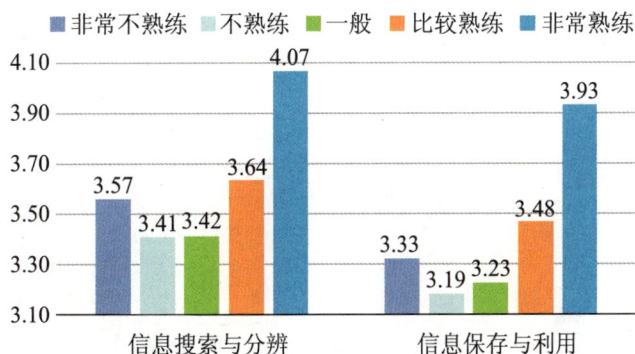

图 3-10　网络技能熟练度——网络信息搜索与利用能力维度（5 分制）

2. 家庭属性影响要素分析

父亲学历对信息搜索与分辨、信息保存与利用指标均有显著影响（Sig. <0.001）。父亲学历越高，青少年在信息搜索与分辨、信息保存与利用方面表现越好（见表 3-12、图 3-11）。

表 3-12　父亲学历——网络信息搜索与利用能力维度差异检验

指标	父亲学历	N	Mean	SD	F	Sig.	偏 η^2
信息搜索与分辨	小学	831	3.37	0.692	48.543	0.000	0.031
	初中	2618	3.57	0.728			
	高中/中专/技校	2349	3.72	0.761			
	大专	1264	3.75	0.764			
	本科	1655	3.79	0.800			
	硕士及以上	327	3.94	0.874			
信息保存与利用	小学	831	3.24	0.698	41.570	0.000	0.027
	初中	2618	3.39	0.728			
	高中/中专/技校	2349	3.55	0.761			
	大专	1264	3.55	0.769			
	本科	1655	3.61	0.808			
	硕士及以上	327	3.75	0.886			

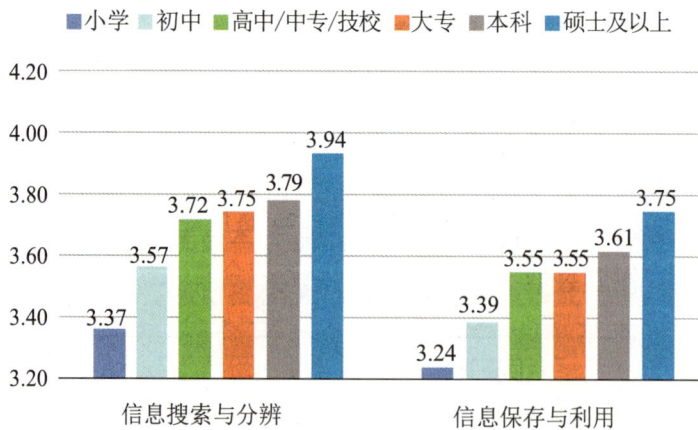

图 3-11　父亲学历——网络信息搜索与利用能力维度(5分制)

　　母亲学历对信息搜索与分辨、信息保存与利用指标均有显著影响(Sig. <0.001)。母亲学历越高,青少年的信息搜索与分辨能力、信息保存与利用能力越强(见表 3-13、图 3-12)。

表 3-13　母亲学历——网络信息搜索与利用能力维度差异检验

指标	母亲学历	N	Mean	SD	F	Sig.	偏 η^2
信息搜索与分辨	小学	1228	3.40	0.696	56.763	0.000	0.036
	初中	2608	3.60	0.742			
	高中/中专/技校	2175	3.72	0.747			
	大专	1244	3.76	0.788			
	本科	1488	3.83	0.792			
	硕士及以上	263	3.98	0.873			
信息保存与利用	小学	1228	3.27	0.681	49.737	0.000	0.032
	初中	2608	3.41	0.745			
	高中/中专/技校	2175	3.55	0.749			
	大专	1244	3.57	0.792			
	本科	1488	3.65	0.809			
	硕士及以上	263	3.83	0.876			

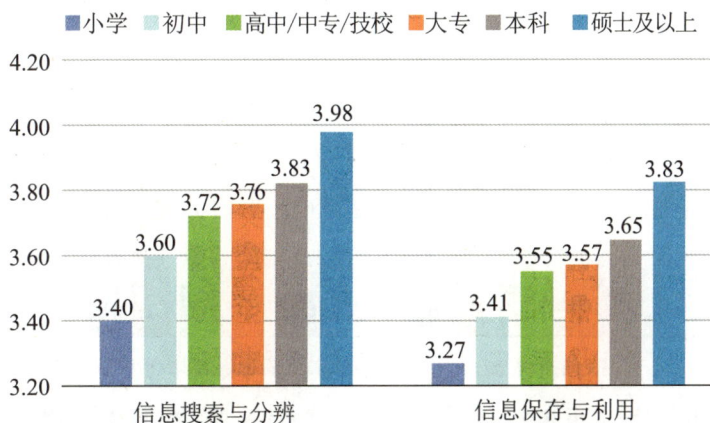

图 3-12　母亲学历——网络信息搜索与利用能力维度(5分制)

家庭收入水平对信息搜索与分辨、信息保存与利用指标均有显著影响(Sig. < 0.001)。家庭收入越高的青少年信息搜索与分辨和信息保存与利用表现越好(见表 3-14、图 3-13)。

表 3-14　家庭收入水平——网络信息搜索与利用能力维度差异检验

指标	家庭收入水平	N	Mean	SD	F	Sig.	偏 η^2
信息搜索与分辨	低收入水平	594	3.38	0.837	79.273	0.000	0.034
	中等偏下收入水平	1612	3.50	0.714			
	中等收入水平	5126	3.68	0.742			
	中等偏上收入水平	1584	3.86	0.795			
	高收入水平	209	4.02	0.923			
信息保存与利用	低收入水平	594	3.26	0.841	63.730	0.000	0.027
	中等偏下收入水平	1612	3.35	0.711			
	中等收入水平	5126	3.49	0.744			
	中等偏上收入水平	1584	3.68	0.806			
	高收入水平	209	3.85	0.956			

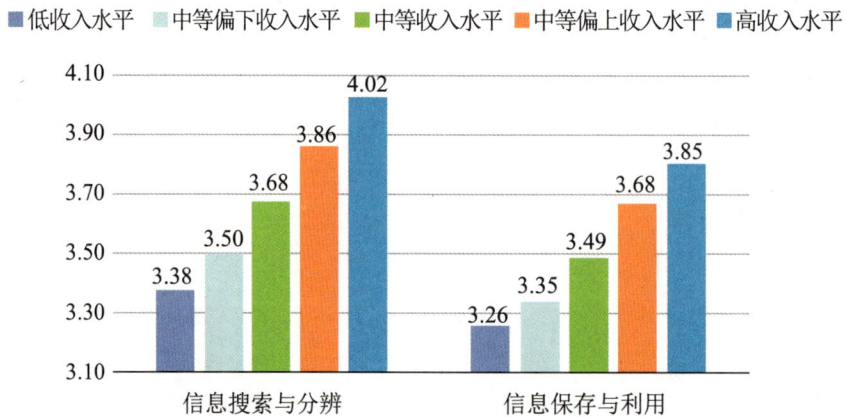

图 3-13　家庭收入水平——网络信息搜索与利用能力维度(5 分制)

　　与父母讨论网络内容频率对信息搜索与分辨、信息保存与利用指标均有显著影响(Sig. <0.001)。与父母讨论网络内容越频繁，青少年的信息搜索与分辨能力、信息保存与利用能力水平越高(见表 3-15、图 3-14)。

表 3-15　与父母讨论网络内容频率——网络信息搜索与利用能力维度差异检验

指标	与父母讨论网络内容频率	N	Mean	SD	F	Sig.	偏 η^2
信息搜索与分辨	几乎不	1600	3.49	0.812	124.740	0.000	0.027
	有时	5591	3.64	0.717			
	经常	1934	3.89	0.834			
信息保存与利用	几乎不	1600	3.27	0.805	200.210	0.000	0.042
	有时	5591	3.46	0.713			
	经常	1934	3.77	0.829			

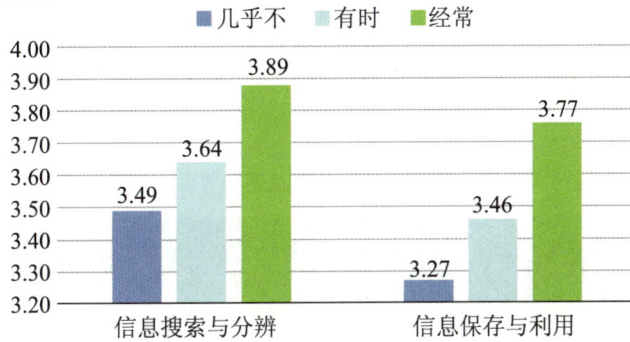

图 3-14　与父母讨论网络内容频率——网络信息搜索与利用能力维度(5 分制)

与父母亲密程度对信息搜索与分辨、信息保存与利用指标均有显著影响(Sig. < 0.001)。与父母非常亲密的青少年,其信息搜索与分辨能力、信息保存与利用能力水平明显更高(见表 3-16、图 3-15)。

表 3-16　与父母亲密程度——网络信息搜索与利用能力维度差异检验

指标	与父母亲密程度	N	Mean	SD	F	Sig.	偏 η^2
信息搜索与分辨	不亲密	218	3.57	1.029	76.144	0.000	0.016
	一般	3458	3.55	0.717			
	非常亲密	5449	3.75	0.781			
信息保存与利用	不亲密	218	3.44	1.002	48.325	0.000	0.010
	一般	3458	3.39	0.710			
	非常亲密	5449	3.56	0.792			

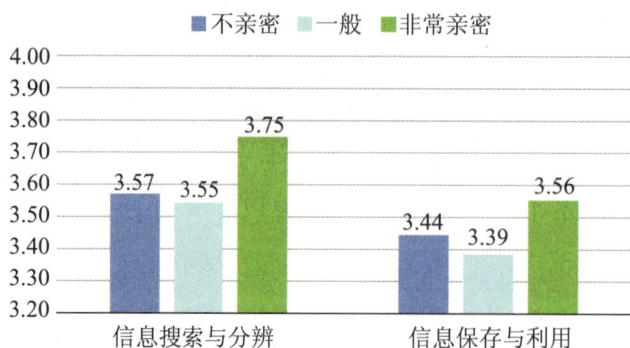

图 3-15　与父母亲密程度——网络信息搜索与利用能力维度(5 分制)

　　父母干预上网活动频率对信息搜索与分辨、信息保存与利用指标均有显著影响(Sig. <0.001)。父母干预上网活动频率越低，青少年信息搜索与分辨、信息保存与利用表现越好(见表 3-17、图 3-16)。

表 3-17　父母干预上网活动频率——网络信息搜索与利用能力维度差异检验

指标	父母干预上网活动频率	N	Mean	SD	F	Sig.	偏 η^2
信息搜索与分辨	几乎没有	1422	3.82	0.833	32.598	0.000	0.007
	偶尔	5142	3.64	0.731			
	经常	2561	3.63	0.801			
信息保存与利用	几乎没有	1422	3.63	0.841	26.487	0.000	0.006
	偶尔	5142	3.48	0.728			
	经常	2561	3.45	0.810			

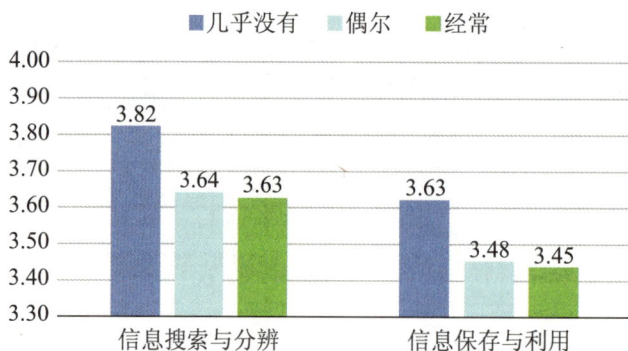

图 3-16　父母干预上网活动频率——网络信息搜索与利用能力维度(5 分制)

3. 学校属性影响要素分析

学校是否开设网络课程对青少年信息搜索与分辨、信息保存与利用指标均有显著影响(Sig. <0.001)。学校开设了相关课程的青少年信息搜索与分辨能力、信息保存与利用能力水平明显更高(见表3-18、图3-17)。

表3-18　学校是否开设网络课程——网络信息搜索与利用能力维度差异检验

指标	学校是否开设网络课程	N	Mean	SD	F	Sig.	偏 η^2
信息搜索与分辨	是	7661	3.70	0.759	98.960	0.000	0.011
	否	1464	3.49	0.803			
信息保存与利用	是	7661	3.52	0.764	74.444	0.000	0.008
	否	1464	3.33	0.795			

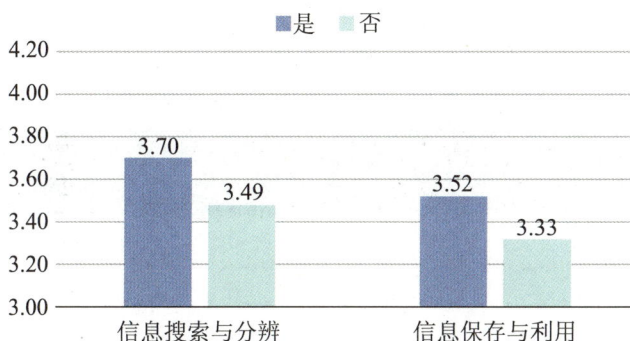

图3-17　学校是否开设网络课程——网络信息搜索与利用能力维度(5分制)

网络课程收获程度对信息搜索与分辨、信息保存与利用指标均有显著影响(Sig. <0.001)。网络课程收获很大的青少年信息搜索与分辨、信息保存与利用表现明显更好(见表3-19、图3-18)。

表3-19　网络课程收获程度——网络信息搜索与利用能力维度差异检验

指标	网络课程收获程度	N	Mean	SD	F	Sig.	偏 η^2
信息搜索与分辨	几乎没有收获	317	3.63	0.829	195.857	0.000	0.049
	有些收获	3921	3.55	0.694			
	收获很大	3423	3.89	0.783			
信息保存与利用	几乎没有收获	317	3.50	0.797	148.123	0.000	0.037
	有些收获	3921	3.38	0.687			
	收获很大	3423	3.69	0.811			

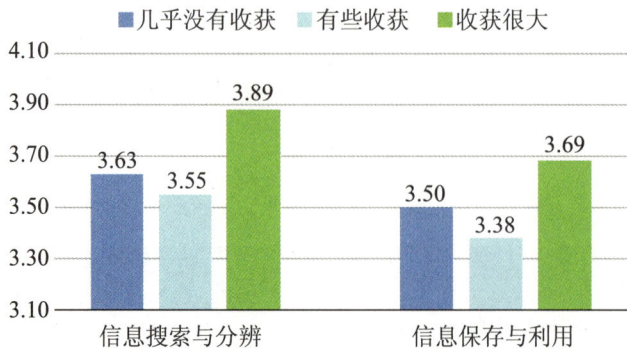

图 3-18　网络课程收获程度——网络信息搜索与利用能力维度(5分制)

与同学讨论网络内容频率对信息搜索与分辨、信息保存与利用指标均有显著影响(Sig. <0.001)。与同学讨论网络内容越频繁的青少年，信息搜索与分辨、信息保存与利用表现越好(见表3-20、图3-19)。

表 3-20　与同学讨论网络内容频率——网络信息搜索与利用能力维度差异检验

指标	与同学讨论网络内容频率	N	Mean	SD	F	Sig.	偏 η^2
信息搜索与分辨	几乎不	451	3.37	0.904	221.749	0.000	0.046
	有时	4554	3.54	0.699			
	经常	4120	3.85	0.790			
信息保存与利用	几乎不	451	3.06	0.874	351.823	0.000	0.072
	有时	4554	3.34	0.685			
	经常	4120	3.71	0.789			

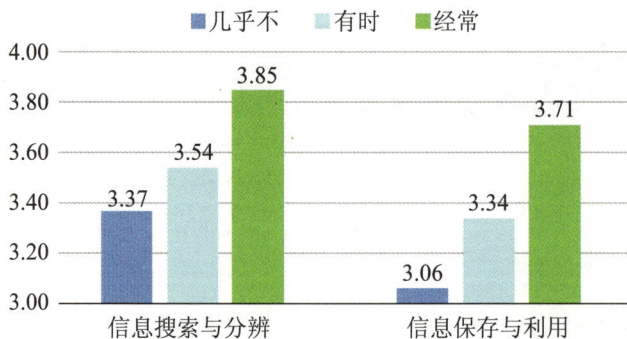

图 3-19　与同学讨论网络内容频率——网络信息搜索与利用能力维度(5分制)

学校有无移动设备管理规定对信息搜索与分辨、信息保存与利用指标均有显著影响(Sig. <0.001)。学校有移动设备管理规定的青少年信息搜索与分辨能力、信息保存与利用能力更强(见表3-21、图3-20)。

表3-21 学校有无移动设备管理规定——网络信息搜索与利用能力维度差异检验

指标	学校有无移动设备管理规定	N	Mean	SD	F	Sig.	偏 η^2
信息搜索与分辨	是	8285	3.68	0.764	40.829	0.000	0.004
	否	840	3.51	0.820			
信息保存与利用	是	8285	3.51	0.765	36.703	0.000	0.004
	否	840	3.34	0.823			

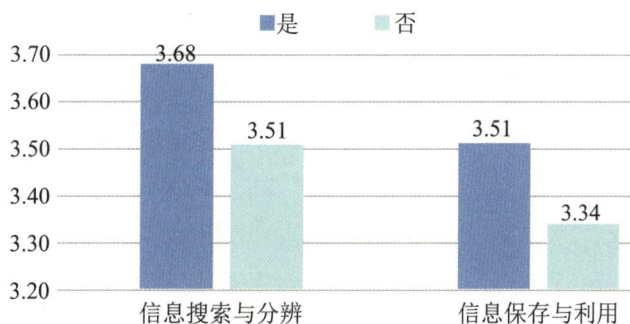

图3-20 学校有无移动设备管理规定——网络信息搜索与利用能力维度(5分制)

上课使用手机频率对信息搜索与分辨、信息保存与利用指标均有显著影响(Sig. <0.05)。上课经常使用手机的青少年其信息搜索与分辨、信息保存与利用表现相对更好(见表3-22、图3-21)。

表3-22 上课使用手机频率——网络信息搜索与利用能力维度差异检验

指标	上课使用手机频率	N	Mean	SD	F	Sig.	偏 η^2
信息搜索与分辨	从未使用	6993	3.67	0.759	3.288	0.020	0.001
	不经常使用	742	3.61	0.757			
	有时候使用	913	3.65	0.776			
	经常使用	477	3.75	0.926			

续表

指标	上课使用手机频率	N	Mean	SD	F	Sig.	偏 η^2
信息保存与利用	从未使用	6993	3.48	0.761	9.996	0.000	0.003
	不经常使用	742	3.48	0.745			
	有时候使用	913	3.52	0.763			
	经常使用	477	3.67	0.947			

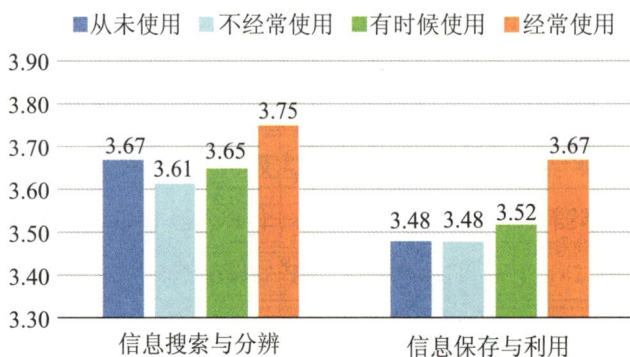

图 3-21　上课使用手机频率——网络信息搜索与利用能力维度（5 分制）

三、提升网络信息搜索与利用能力的有效策略

（一）确定网络信息筛查的依据

初步获取信息之后，我们需要筛查这些信息，那么筛查的依据有哪些呢？

第一，我们要看筛查到的信息的相关性，这个信息跟你想要找的信息在内容和形式上是否相关。例如，当你想要搜索一部叫作《英雄》的电影的时候，你输入"英雄"，但是在搜索引擎给出的结果中，可能有很多与"英雄"这个词相关的文艺作品、影视作品、音乐作品、文学作品等。那么你需要首先判断哪些信息是更匹配的。

第二，明晰信息主。信息主指的是哪个平台、哪个网站给你提供的信息。在网络上，不同的信息主有着不同的生存模式、盈利模式。比如，我国的主流媒体很大程度上需要对广泛的信息获取和信息准确性负责，这样的信息主是值得信任的。这并非意味着以盈利为目的的信息主是不值得信任的，只是需要在获得信息的时候关注信息主是谁，了解其运作背景和资金来源。

第三，辨别广告。即筛查的信息中是否存在广告。如果存在广告的话，很有可能搜集到的信息是存在一定偏见的，可能需要在筛选的优先级中降低预期。

第四，权威性。信息在哪个平台上，是否包含广告，是谁编写的，作者是不是这个领域的专家，作者本人有没有不良的记录。这些即使不能够一瞬间得出结论，但在决定要采纳和采信这个信息的时候，也是需要做一些调查的。

第五，客观性。信息的作者是否带有个人偏见，他提供的信息是否有足够的经验性事实作为依据或者证据，这个时候需要进行交叉验证。

第六，功能性。很多时候在网上搜索出一些信息，点进去之后发现它需要付费，或者是它的交互页面极其复杂，不利于使用，那么它的功能性是不足的。

第七，实时性。在寻找信息的时候，特别是跟新闻相关的信息，是与时俱进的实时信息。

（二）网络信息搜集的有效策略

网络信息的搜集分为非定向搜集和定向搜集。非定向搜集指的是信息的搜集者或者信息的获取者并不抱有一种特定的目的来获取信息。该信息是由平台计算之后主动呈现给大家的，大家不需要进行特别定向的搜集，不需要对这个信息获取的过程付出太多的努力。

定向搜集往往是当用户要解决一个生活或者学习问题的时候主动去做的事情。定向搜集主要有两种方法。

一是通过媒体内容确定搜集方向。在这种信息搜集的模式之下，用户是通过媒体内容确定搜集方向，这时搜集到的内容不是特别精确。

二是通过媒体主题确定搜集方向。比如，用户有时需要搜集知识性的信息，有时需要搜集教育政策性的信息，有时需要了解经济类的信息或者娱乐信息。那么在这样不同的情况之下，用户也可以根据主题不断地去细化主题。当然如果仅仅用主题去确定用户的信息搜集方向，也会出现搜集到的信息数据结构不对称或者数据结构不统一的情况。针对以上两种信息搜集方式，用户可以结合起来使用。

在网络上进行信息搜集的时候，大家用到的最多的一个方式就是通过搜索引擎来搜索网络信息。用户需要注意灵活地使用引擎搜索，对比各平台的搜索结果。

首先，用户需要对不同的搜索引擎给予用户的结果进行对比。因为搜索引擎大部分都是以盈利为目的的，它们的搜索结果自然受到企业平台算法的影响。用户需要在不同的搜索引擎结果之间进行大致对比，对于搜索到的信息有更全面的了解。

其次，用户精确化搜索内容。首先，用户需要调整搜索的关键词，不断接近自己想要寻找的信息。比如，用户在搜索一首歌时，输入歌名，可能得到的不是期望的搜索结果，很有可能会搜索到相同名字的歌曲，或者相同名字的电影或文学作品，这时用户就需要调整搜索的关键词，如搜索歌名加歌词。

再次，调整搜索的时间范围。一条信息或者是名字相近、相同的信息可能在不同的时间节点出现过。比如说奥运会，它是在不同的时间节点出现的事件。如果用户要搜索与奥运会相关的新闻，用户需要聚焦到某一届奥运会，缩小它的时间范围或者地点范围。

最后，调整搜索的条件。比如，用户可以在各大搜索引擎搜索栏里加入特殊的命令来确定文档的格式、图片的大小等。

(三)网络搜索工具

网络搜索工具通常是指帮助用户从互联网上查找和获取各类信息的工具，主要包括门户网站、搜索引擎等。

门户网站是指提供网络信息资源和信息服务的一类网站，既有综合型门户网站，又有行业型或专业型门户网站，此外还有政府门户网站、个人门户网站等。

搜索引擎是指利用相关搜索技术，对互联网信息资源进行搜集、整理与组织并为用户提供检索服务的工具。面对互联网上蕴藏的海量信息资源，搜索引擎为用户快速、准确地找到所需信息提供了便利，帮助用户摆脱大海捞针式信息查找的困扰。

目录型搜索引擎是早期搜索引擎的一种，它以人工或半自动化的方式对信息进行采集、加工并整理成目录，从而指引人们找到相应的网页。随着互联网上的资源越来越多，搜索引擎也逐渐采用自动搜索技术采集和加工数以亿计的互联网资源。如今的搜索引擎以具备全文搜索功能的综合型搜索引擎为主。

(四)如何进行高级搜索

在使用搜索引擎时，很多人都是在搜索框中直接输入词查找信息。其实，搜索引擎还有高级搜索功能。在进行高级搜索前需要进行以下"4个限定"。

(1)限定格式。当想要搜索的是文档资料时，比如课件、题库等，可以使用高级搜索中"文档格式"的功能帮助用户快速定位此类资源。常见的文档类型有 PDF 文档、Word 文档、Excel 文档、PowerPoint 文档，它们对应的格式分别为 .pdf、.doc、.xls、.ppt。

(2)限定网站。使用搜索引擎搜索信息时，一般情况下默认是在互联网所有的资源中搜索。虽然这为用户提供了丰富的信息来源，但有些信息来源并不可靠，所以这也增加了信息筛选的难度。高级搜索中"站内搜索"的功能就能帮助用户将搜索结果限定在可以信任的站点中。用户可以限定在某个网站或某类网站中搜索。不同域名代表不同类型的网站，如 .edu 代表中小学、大学、教育机构等教育类网站；.gov 代表政府机构网站；.org 代表行业协会、联盟等组织、团体网站；.cn 代表中国地区的网站。例如，查找"家庭教育促进法"相关资料时，用户希望查找该法案的全文内容及与此相关的权威解读，那么用户可以将内容限定在政府机构的网站中查找。这样找到的信息都是出自政府网站，从而保证信息的权威性和可靠性。

(3)限定位置。搜索引擎并不知道帮用户找到的网页是关于什么内容的。那为什么会在搜索结果页面中出现这些网页呢？是因为这些网页中出现了与你搜索内容相同的词。默认情况下，你输入的搜索词可以出现在网页中任何位置。为了提高搜索的准确性，用户可以使用高级搜索中的"关键词位置"功能将搜索词限定在网页标题中查找。例如，在标题中查找两会期间关于义务教育的提案，为了增加搜索的准确性，需要将搜索词限定在标题中查找。这样搜索到的内容都是标题中包含"两会"和"义务教育"的网页，大大提高了搜索的准确性。

(4)限定时间。有时用户需要查找最新的网页资源，这时就可以使用高级搜索中"时间"功能，查找最近一天、一周、一个月或一年内发布的网络资源。例如，上文例子中，用户发现搜索出来的结果中包含往年两会期间关于义务教育的提案，用户希望搜索今年的相关提案，这时就可以将搜索内容限定在近期发布的网页中查找。

第四章　网络信息分析与评价

网络信息的分析与评价是网络素养的重要组成部分，是网民面对纷繁复杂的信息海洋，获取符合自己需求的信息的必备能力。人工智能技术的高速发展助长了虚假信息的传播。如果训练数据包含虚假信息，人工智能语言模型会在其生成的文案中产生类似的虚假信息。人工智能生成的信息容易被当作权威信息而大肆传播，而且查证的难度极大，这就需要我们不断提高信息分析与评价能力。

一、网络信息分析模型

（一）虚假信息分析

欧盟高级别专家组将"虚假信息"定义为"可证实为错误或误导性的信息"，其应当同时具有以下特征："出于经济收益或欺骗公众的目的被创制、发布并散播"；"可能损害公共利益"，蓄意"威胁民主政治与政策制定过程，以及关乎欧盟公民健康、环境与安全的公共利益"。① "虚假信息"的概念不包括误导性广告、被报告的错误、讽刺和戏仿或被明确标识的党派新闻和评论。与普通的谣言相比，虚假信息的特征分别有以下几种：内容无根据，完全是子虚乌有的；有一定根据，内容真假参半；有具体的内容，有人物、地点、危害结果等具体要素；对虚假事实的客观描述，单纯的观点和意见不是虚假信息的范畴；具有误导性，虚假信息的内容、用词、发布者身份等要素的"表面真实"而使人信以为真，误导人相信信息是真实的；扰乱了网络环境中信息

---

① 史安斌，胡宇：《向虚假信息宣战：欧盟的探索》，载《青年记者》，2018(34)。

传递的秩序，最终会引起公共秩序混乱。

虚假信息和谣言产生的原因源于核心和关键事实供给不足。如果民众的一些核心关切信息得不到有效供给，会造成民众心理恐慌，心理恐慌会产生信息不安全感，致使谣言乘虚而入，并因心理学中的首因效应而成为民众的刻板印象，从而将主流媒体传播的真实信息弃置一旁。同时，焦虑、恐慌、无聊或其他负向心理激发，也会导致虚假信息的产生。在传播学中效果最明显的诉求方式就是恐怖诉求，这种诉求不仅可以改变民众的态度认知，而且会直接促使民众产生过激行为，并且谣言有时被作为某些特殊群体的宣泄和抗议。很多社会心理学家认为谣言是某些特殊群体制造出来的一种社会抗争行为，能帮助他们消除焦虑、获得平静，是缺乏信息者对信息资源不平等的一种挑战。

目前学界对虚假信息从以下几个角度进行分析。

(1)语言学模式。它是未经证实的，它的信息是不可信的，经常会出现"网传""据说""爆料""有消息称"，甚至会告诉你"求转发""求扩散"。

(2)情感模式。通过煽动情感所造成的虚假信息具有鲜明的特点，往往能够直击旁观者的内心，唤起公众情绪，使其成为虚假信息传播链上的助推器。

(3)新闻环境模式。虚假信息总会蹭热点，哪里有热点，哪里就有谣言。

(4)传播机制。真实新闻的传播主要是靠用户从单个可靠消息源的直接分享，而虚假新闻的传播则主要依托用户间的分享。

(5)视觉模式。图像和视频是最容易煽动人、最容易迷惑人的。

(6)深度伪造。深度伪造视频是通过人工智能形式的计算机程序将视频中的画面或音频进行修改，比如，更换别人的脸或声音，其逼真度惊人。深度伪造视频近来风靡社交网络，大多是网友们自制的搞笑视频。但其出现已经引发担忧，它可能会助长假新闻的泛滥。

(二)批判性思维模型

爱德华·格拉泽被认为是现代批判性思维运动之父。沃森-格拉泽系列测试的开发基于爱德华·格拉泽所阐述的批判性思维三维度定义[①]：批判性思维是态度、知识和技能的综合体，包括识别存在的问题和接受对支持所断定事物为真之证据的一般要

---

①　武晓蓓：《沃森-格拉泽批判性思维模型》，载《考试周刊》，2018(80)。

求的态度；有效推论、抽象和概括之本质的知识，包括合乎逻辑地确定各种证据的分量或精确度；利用和应用上述态度和知识的技能，按照该测试指导手册的最新说明，"批判性思维可定义为：为了达到一个恰当结论，辨识和分析问题与寻求和评估相关信息的能力。"批判性思维是一种组织化的、训练有素的思维方式，意味着要理解议题和情境，质疑假设，做出公正而准确的评估，辨识和聚焦相关信息的能力。为了测试所有领域的批判性思维能力，题目难度和格式有所变化。该测试不是测量个体能完成题目的速度，而是测试批判性推理的质量和深度，因而完成测试可以不计时或宽限时限。以下是《沃森-格拉泽批判性思维评价》的 5 个子测验要求分析性推理在言语语境中的不同应用。

（1）推断——评定基于给定信息的推断为真的可能性（程度），包括"真、很可能真、事实材料不充分、很可能假和假"5 个程度。

（2）假设识别——辨识给定陈述背后未陈述出来的假设或预设。

（3）演绎——确定是否特定结论从给定信息逻辑的推出。

（4）解释——权衡证据并决定是否基于事实材料的概括或结论是正当合理的。

（5）论证评估——评估有关某一特殊问题或议题之论证的力量（强或弱）和相干性。

对沃森-格拉泽批判性思维评价工具各种形式的分析，揭示了一种有共同因素的结构，其中 3 个量表——推断、演绎和解释，全都与推出结论有关，只有假设识别和论证评估作为独立因素被保留下来。于是就诞生了批判性思维的三元素模型——辨识假设、评估论证和推出结论（子测试是推断、解释和演绎），简称 RED 模型。

理查德·保罗是"批判性思维运动最有影响的传播者之一"。[1] 他常常把批判性思维通俗地定义为"思考自己的思维以使之更好"。批判性思维是系统地改善我们思维质量的工作艺术，即把这个质量问题提升到自觉实现的水平，并将这种实现用作迫切动机来改善我们在每个思考领域和生活领域的思维。从分析思维的角度看，所有思维（推理）都由 8 个元素（目的、推论、问题、概念、视角、意涵、信息、假设）定义。从评估视角看，所有思维都使用理智标准加以评价。8 个元素相互连通，相互影响。保罗认为，这个推理要素的分析超越了传统上只聚焦于推理的一部分即前提（假设和

---

① 武晓蓓：《理查德·保罗的三元批判性思维模型》，载《考试周刊》，2018(84)。

信息)和结论(推论或意涵)的狭隘的推理哲学观,强调完备的推理逻辑都应考虑这8个元素。不过,批判性思维技能可能被合乎伦理地使用,也可能被不道德地使用,因而人们在思维时需要懂得判断。

相关专家在评析国内外比较有影响的"特尔斐"项目组提出的双锥结构批判性思维能力模型、Paul 与 Elder 提出的三元结构批判性思维能力模型和林崇德的三棱结构思维能力模型这 3 个思维能力理论框架的基础上,提出层次模型,该模型将批判性思维能力分为两个层次——元批判性思维能力和批判性思维能力,突出了对自我调节的全局作用的认定。同时,层次模型借鉴以上 3 个思维能力理论框架的优点,使认知与情感特质平衡地处于同一层次;补充了认知标准,使得对认知技能的评估有据可依。然而,在实际测试中,层次模型也暴露出一些不足,具体表现在 3 个方面:(1)研究所涉及的内容不全面。研究者们根据该量具设计的试卷难以同时测量批判性思维能力的核心要素,即元批判性思维能力。(2)批判性思维能力评估的重点应为思维的过程而非结果,因此割裂性地分别测试各项认知技能或策略很难体现出批判性思维贯穿于问题解决的整个过程中的实质。(3)仅使用客观题不能保证受试者以严肃认真的态度接受评估,从而引起对所测结果有效性的质疑。

罗清旭认为"要解决批判性思维能力的测量与评定问题,尤其要更精确地确定批判性思维中的自我调节与监控能力"。问题解决的过程是迂回的而不是线性发展的,它在认识事物时不断进行着自我调控和评价。因此,我们可以根据问题解决中的过程性表现,对批判性思维能力做出描述,收集在解决问题过程中应用策略与技能的证据,以此来全面评价批判性思维能力。值得说明的是,思维的批判性依赖于特定的学科知识,而每一个问题解决的过程,不仅要利用他们的认知技能,而且要关注问题解决者的知识背景。

二、网络信息分析与评价能力的构成与影响因素

(一)研究框架

通过文献梳理和前期考察,我们把青少年网络信息分析与评价能力划分为两个一级指标:对信息的辨析和批判、对网络的主动认知和行动(见表 4-1)。

表 4-1　网络信息分析与评价能力指标体系

维度	一级指标	项数
网络信息分析与评价能力	对信息的辨析和批判	6
	对网络的主动认知和行动	4

我们构建了关于"网络信息分析与评价能力"的问题量表如下。

·我喜欢在看新闻时，了解新闻发生的背景(对信息的辨析和批判)。

·当怀疑网上信息是否真实时，我经常搜集信息以证明真伪(对信息的辨析和批判)。

·我会针对同一主题的信息，搜索不同媒体的报道(对信息的辨析和批判)。

·我反感网上的虚假新闻和不实消息(对信息的辨析和批判)。

·我会怀疑网络广告的真实性(对信息的辨析和批判)。

·我认为一篇新闻或文章只是信息的一部分(对信息的辨析和批判)。

·网上媒体的负面信息，让我觉得整个世界很不安全(对网络的主动认知和行动)。

·我认为网上的大部分报道是可信的(对网络的主动认知和行动)。

·我认为名人在网上和现实中是言行一致的(对网络的主动认知和行动)。

·我会对影视剧或短视频里的某个角色恨之入骨，甚至忘了是由演员扮演的(对网络的主动认知和行动)。

(二)网络信息分析与评价能力信效度检验

经过信度和效度检验，网络信息分析与评价能力的克隆巴赫 Alpha 系数为 0.662，且一级指标对信息的辨析和批判、对信息的认知和行动的克隆巴赫 Alpha 系数均大于 0.7，信度较好(见表 4-2)；巴特利特球形度检验的显著性为 0.000，小于 0.05，因而可以认为相关系数的矩阵与单位矩阵有显著性差异；KMO 的值为 0.853，大于 0.6，原有的变量具有较好的研究效度(见表 4-3)。网络信息分析与评价能力两个主成分累积方差贡献率为 61.860%，且成分矩阵显示各指标划分维度与设定的一级指标维度相吻合，因此能较好地反映网络信息分析与评价能力情况。

表4-2　网络信息分析与评价能力可靠性分析

维度	指标	克隆巴赫 Alpha 系数	项数
网络信息分析与评价能力	总体	0.662	10
	对信息的辨析和批判	0.732	4
	对信息的认知和行动	0.891	6

表4-3　网络信息分析与评价能力 KMO 取样适切性量数和巴特利特球形度检验

KMO 取样适切性量数		0.853
巴特利特球形度检验	近似卡方	40031.448
	自由度	45
	显著性	0.000

(三) 网络信息分析与评价能力得分

在网络信息分析与评价能力方面, 青少年对信息的辨析和批判能力表现更好, 得分高于对网络的主动认知和行动。其中, 在主动性方面, 相比主动认知来说, 青少年更欠缺采取主动行动以认识和分析网络信息的能力(见表4-4)。

表4-4　网络信息分析与评价能力指标体系得分

维度	一级指标	得分(5分制)
网络信息分析与评价能力	对信息的辨析和批判	3.63
	对网络的主动认知和行动	3.25

(四) 影响青少年网络信息分析与评价能力的因素分析

1. 个人属性影响因素分析

不同性别对信息的辨析和批判与对网络的主动认知和行动均有显著差异(Sig. < 0.001), 且不同性别对网络的主动认知和行动水平差异更显著。男生对信息的辨析和批判能力水平明显高于女生, 而女生对网络的主动认知和行动能力明显高于男生(见表4-5、图4-1)。

表 4-5　性别——网络信息分析与评价能力维度差异检验

指标	性别	N	Mean	SD	F	Sig.	偏 η^2
对信息的辨析和批判	男	4608	3.66	0.792	18.368	0.000	0.002
	女	4517	3.59	0.700			
对网络的主动认知和行动	男	4608	3.18	0.828	65.967	0.000	0.007
	女	4517	3.31	0.679			

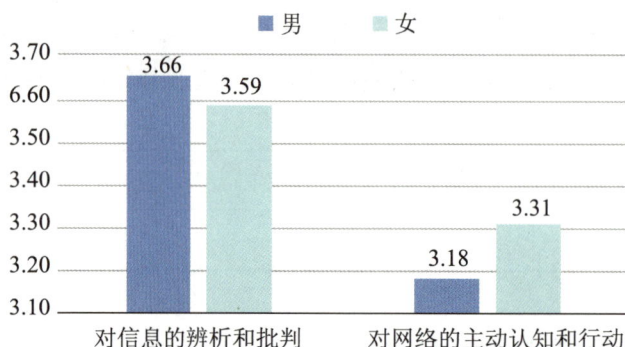

图 4-1　性别——网络信息分析与评价能力维度(5 分制)

不同年级青少年对信息的辨析和批判与对网络的主动认知和行动能力水平均有显著差异(Sig. <0.001)。无论初中还是高中,高年级青少年对信息的辨析和批判能力明显高于低年级青少年,而低年级青少年对网络的主动认知和行动能力明显高于高年级青少年(见表 4-6、图 4-2)。

表 4-6　年级——网络信息分析与评价能力维度差异检验

指标	年级	N	Mean	SD	F	Sig.	偏 η^2
对信息的辨析和批判	七年级	1961	3.54	0.805	9.710	0.000	0.005
	八年级	1866	3.64	0.761			
	九年级	1813	3.65	0.720			
	高一	1470	3.60	0.714			
	高二	1219	3.68	0.720			
	高三	796	3.72	0.721			

续表

指标	年级	N	Mean	SD	F	Sig.	偏 η^2
对网络的主动认知和行动	七年级	1961	3.28	0.808	6.405	0.000	0.003
	八年级	1866	3.30	0.747			
	九年级	1813	3.24	0.764			
	高一	1470	3.23	0.694			
	高二	1219	3.17	0.757			
	高三	796	3.18	0.775			

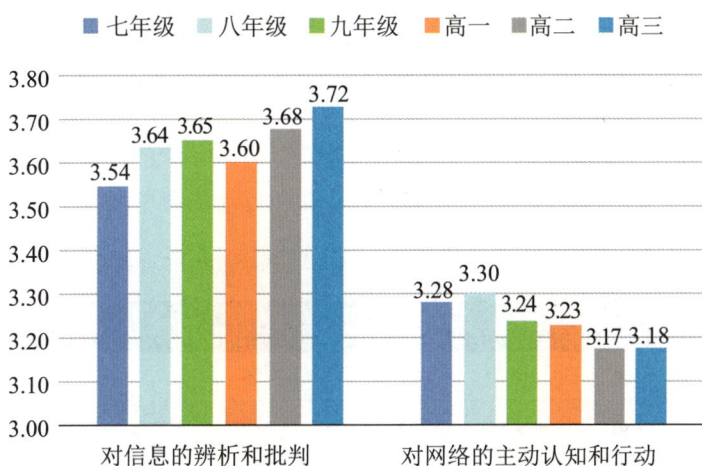

图 4-2　年级——网络信息分析与评价能力维度(5 分制)

不同成绩水平的青少年对信息的辨析和批判与对网络的主动认知和行动能力均有显著差异(Sig. <0.001)。成绩越好的青少年，对信息的辨析和批判、对网络的主动认知和行动能力明显更强(见表 4-7、图 4-3)。

表 4-7　成绩——网络信息分析与评价能力维度差异检验

指标	成绩	N	Mean	SD	F	Sig.	偏 η^2
对信息的辨析和批判	下游	1435	3.49	0.809	105.793	0.000	0.023
	中等	5315	3.58	0.716			
	优秀	2375	3.81	0.749			
对网络的主动认知和行动	下游	1435	3.17	0.824	9.347	0.000	0.002
	中等	5315	3.25	0.719			
	优秀	2375	3.28	0.807			

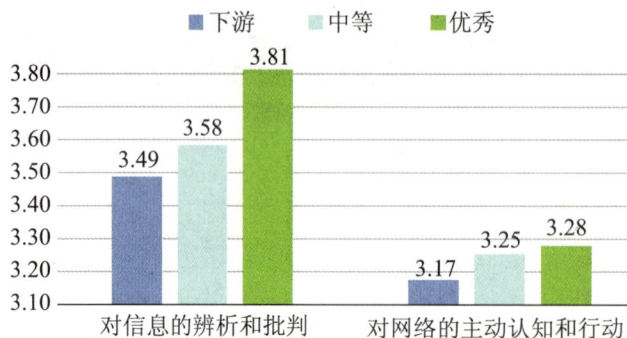

图 4-3　成绩——网络信息分析与评价能力维度(5 分制)

不同户口类型的青少年其对信息的辨析和批判与对网络的主动认知和行动能力均有显著差异(Sig. ≤0.01),且不同户口类型的青少年对信息的辨析和批判能力表现差异更大。拥有城市户口的青少年对信息的辨析和批判能力明显优于农村户口的青少年,而拥有农村户口的青少年对网络的主动认知和行动能力更强(见表 4-8、图 4-4)。

表 4-8　户口类型——网络信息分析与评价能力维度差异检验

指标	户口类型	N	Mean	SD	F	Sig.	偏 η^2
对信息的辨析和批判	城市	4925	3.73	0.758	196.185	0.000	0.021
	农村	4200	3.51	0.719			
对网络的主动认知和行动	城市	4925	3.23	0.790	6.595	0.010	0.001
	农村	4200	3.27	0.724			

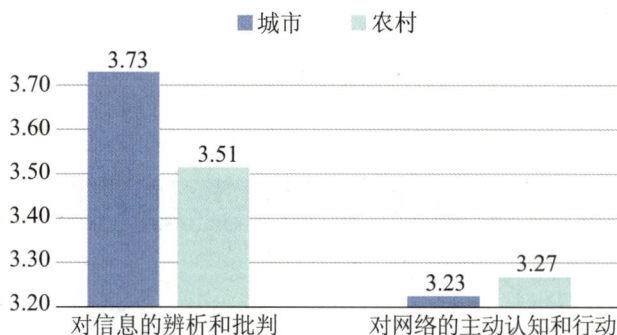

图 4-4　户口类型——网络信息分析与评价能力维度(5 分制)

不同地区的青少年对信息的辨析和批判与对网络的主动认知和行动能力均有显著差异(Sig. <0.001)。东部地区的青少年对信息的辨析和批判能力明显高于其他地区,中部地区的青少年对网络的主动认知和行动能力明显高于其他地区(见表 4-9、图 4-5)。

表4-9　地区——网络信息分析与评价能力维度差异检验

指标	地区	N	Mean	SD	F	Sig.	偏 η^2
对信息的辨析和批判	东部	3063	3.75	0.762	59.124	0.000	0.013
	中部	2105	3.59	0.678			
	西部	3957	3.56	0.762			
对网络的主动认知和行动	东部	3063	3.19	0.816	13.825	0.000	0.003
	中部	2105	3.31	0.684			
	西部	3957	3.25	0.753			

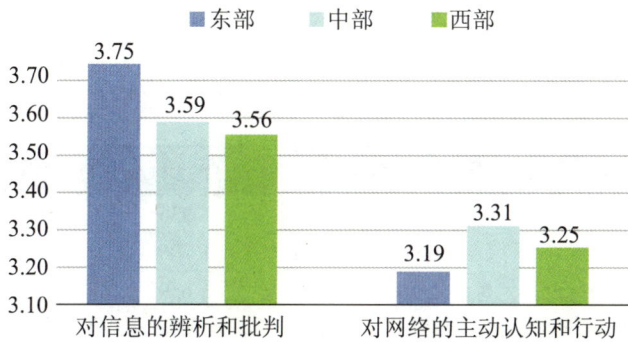

图4-5　地区——网络信息分析与评价能力维度(5分制)

不同日均上网时长的青少年对网络的主动认知和行动能力有显著差异(Sig. < 0.001),对信息的辨析和批判能力则无显著差异。青少年对网络的主动认知和行动能力水平随着上网时长的增加而降低(见表4-10、图4-6)。

表4-10　日均上网时长——网络信息分析与评价能力维度差异检验

指标	日均上网时长	N	Mean	SD	F	Sig.	偏 η^2
对网络的主动认知和行动	1个小时以下	3758	3.28	0.761	9.907	0.000	0.003
	1~3个小时	3800	3.24	0.715			
	3~5个小时	969	3.23	0.769			
	5个小时以上	598	3.10	0.976			

■ 1个小时以下　■ 1～3个小时　■ 3～5个小时　■ 5个小时以上

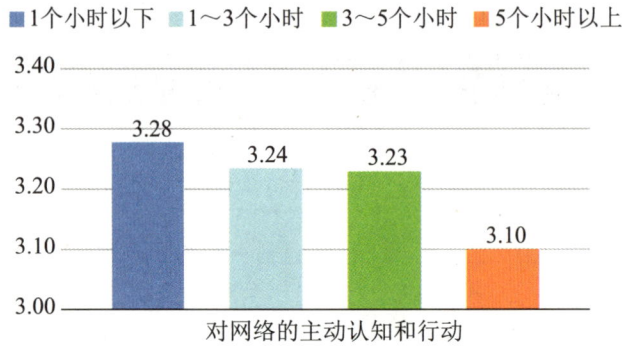

图4-6　日均上网时长——网络信息分析与评价能力维度(5分制)

不同网络技能熟练度的青少年对信息的辨析和批判与对网络的主动认知和行动能力水平均有显著差异(Sig. <0. 001)。网络技能非常熟练的青少年对信息的辨析和批判表现最好，对网络的主动认知和行动表现最差(见表4-11、图4-7)。

表4-11　网络技能熟练度——网络信息分析与评价能力维度差异检验

指标	网络技能熟练度	N	Mean	SD	F	Sig.	偏 η^2
对信息的辨析和批判	非常不熟练	685	3. 55	0. 936	190. 976	0. 000	0. 077
	不熟练	559	3. 41	0. 706			
	一般	2918	3. 43	0. 639			
	比较熟练	2511	3. 61	0. 641			
	非常熟练	2452	3. 95	0. 811			
对网络的主动认知和行动	非常不熟练	685	3. 29	0. 923	28. 167	0. 000	0. 012
	不熟练	559	3. 32	0. 679			
	一般	2918	3. 32	0. 628			
	比较熟练	2511	3. 27	0. 643			
	非常熟练	2452	3. 11	0. 944			

■ 非常不熟练　■ 不熟练　■ 一般　■ 比较熟练　■ 非常熟练

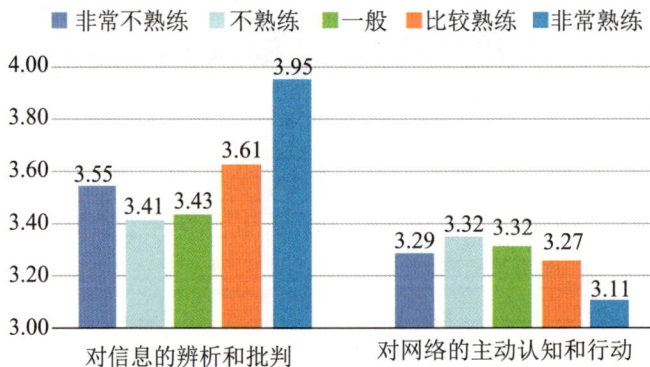

图4-7　网络技能熟练度——网络信息分析与评价能力维度(5分制)

2. 家庭属性影响因素分析

父亲学历对信息的辨析和批判与对网络的主动认知和行动指标均有显著影响（Sig. <0.01），且对信息的辨析和批判指标影响更大。父亲学历越高，青少年对信息的辨析和批判表现越好，但对网络的主动认知和行动表现越差（见表4-12、图4-8）。

表4-12　父亲学历——网络信息分析与评价能力维度差异检验

指标	父亲学历	N	Mean	SD	F	Sig.	偏 η^2
对信息的辨析和批判	小学	831	3.40	0.704	36.031	0.000	0.023
	初中	2618	3.55	0.717			
	高中/中专/技校	2349	3.66	0.728			
	大专	1264	3.68	0.750			
	本科	1655	3.74	0.773			
	硕士及以上	327	3.90	0.828			
对网络的主动认知和行动	小学	831	3.30	0.720	3.125	0.005	0.002
	初中	2618	3.26	0.716			
	高中/中专/技校	2349	3.24	0.781			
	大专	1264	3.24	0.758			
	本科	1655	3.21	0.779			
	硕士及以上	327	3.18	0.941			

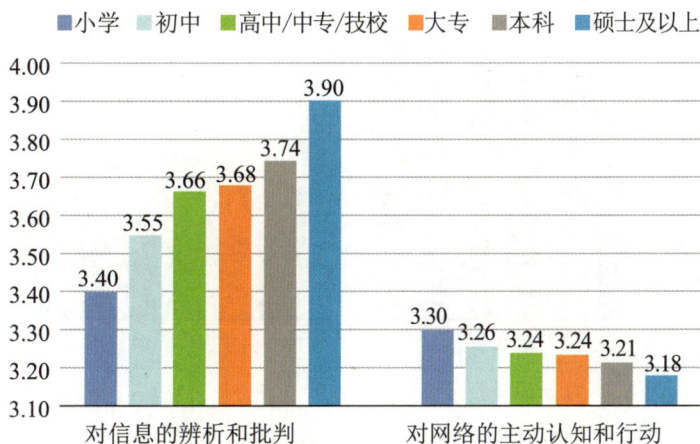

图4-8　父亲学历——网络信息分析与评价能力维度（5分制）

母亲学历对信息的辨析和批判与对网络的主动认知和行动指标均有显著影响（Sig. <0.001），且对信息的辨析和批判指标影响更大。母亲学历越高，青少年对信

息的辨析和批判表现越好；母亲学历较低的青少年，对网络的主动认知和行动表现相对更好（见表4-13、图4-9）。

表4-13　母亲学历——网络信息分析与评价能力维度差异检验

指标	母亲学历	N	Mean	SD	F	Sig.	偏 η^2
对信息的辨析和批判	小学	1228	3.40	0.720	45.605	0.000	0.029
	初中	2608	3.56	0.724			
	高中/中专/技校	2175	3.66	0.723			
	大专	1244	3.72	0.746			
	本科	1488	3.78	0.761			
	硕士及以上	263	3.92	0.846			
对网络的主动认知和行动	小学	1228	3.27	0.710	4.427	0.000	0.003
	初中	2608	3.27	0.730			
	高中/中专/技校	2175	3.22	0.765			
	大专	1244	3.26	0.765			
	本科	1488	3.23	0.803			
	硕士及以上	263	3.06	0.960			

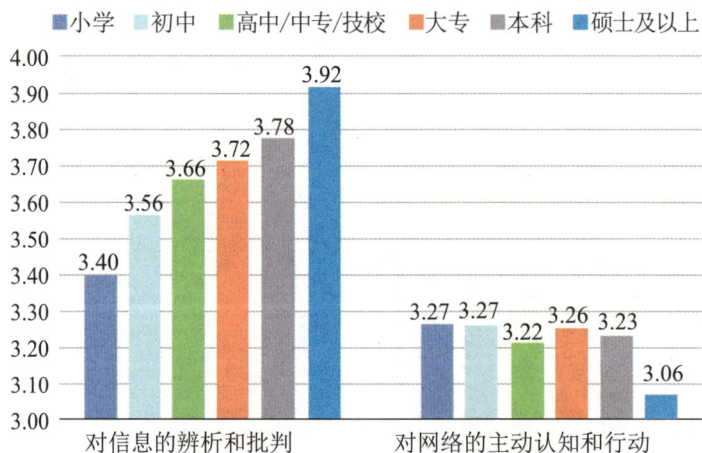

图4-9　母亲学历——网络信息分析与评价能力维度（5分制）

家庭收入水平对信息的辨析和批判与对网络的主动认知和行动指标均有显著影响（Sig. <0.001）。家庭收入水平越高的青少年对信息的辨析和批判表现越好，而对网络的主动认知和行动表现明显较差（见表4-14、图4-10）。

表 4-14 家庭收入水平——网络信息分析与评价能力维度差异检验

指标	家庭收入水平	N	Mean	SD	F	Sig.	偏 η^2
对信息的辨析和批判	低收入水平	594	3.36	0.868	53.544	0.000	0.023
	中等偏下收入水平	1612	3.54	0.703			
	中等收入水平	5126	3.62	0.724			
	中等偏上收入水平	1584	3.78	0.759			
	高收入水平	209	3.96	0.865			
对网络的主动认知和行动	低收入水平	594	3.26	0.785	9.643	0.000	0.004
	中等偏下收入水平	1612	3.24	0.710			
	中等收入水平	5126	3.27	0.742			
	中等偏上收入水平	1584	3.22	0.806			
	高收入水平	209	2.94	1.052			

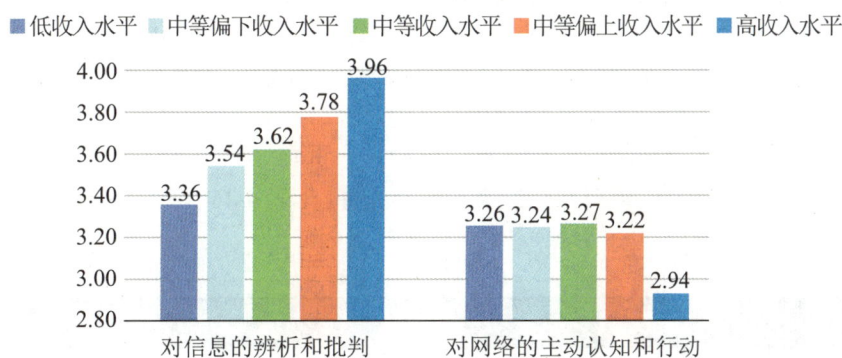

图 4-10 家庭收入水平——网络信息分析与评价能力维度(5分制)

与父母讨论网络内容频率对信息的辨析和批判与对网络的主动认知和行动指标均有显著影响($Sig. < 0.001$)。与父母讨论网络内容越频繁,青少年对信息的辨析和批判表现明显越好,但对网络的主动认知和行动表现越差(见表 4-15、图 4-11)。

表 4-15 与父母讨论网络内容频率——网络信息分析与评价能力维度差异检验

指标	与父母讨论网络内容频率	N	Mean	SD	F	Sig.	偏 η^2
对信息的辨析和批判	几乎不	1600	3.45	0.803	141.011	0.000	0.030
	有时	5591	3.60	0.691			
	经常	1934	3.85	0.805			

续表

指标	与父母讨论网络内容频率	N	Mean	SD	F	Sig.	偏 η^2
对网络的主动认知和行动	几乎不	1600	3.36	0.769			
	有时	5591	3.28	0.694	78.142	0.000	0.017
	经常	1934	3.06	0.896			

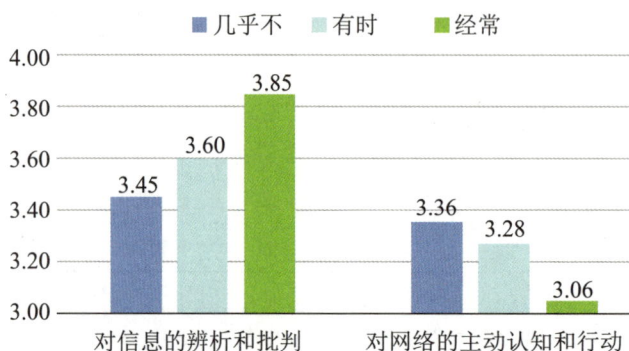

图 4-11　与父母讨论网络内容频率——网络信息分析与评价能力维度(5 分制)

与父母亲密程度对信息的辨析和批判指标有显著影响(Sig. <0.001)。与父母非常亲密的青少年,对信息的辨析和批判表现明显更好(见表 4-16、图 4-12)。

表 4-16　与父母亲密程度——网络信息分析与评价能力维度差异检验

指标	与父母亲密程度	N	Mean	SD	F	Sig.	偏 η^2
对信息的辨析和批判	不亲密	218	3.56	1.005			
	一般	3458	3.51	0.702	77.318	0.000	0.017
	非常亲密	5449	3.71	0.755			

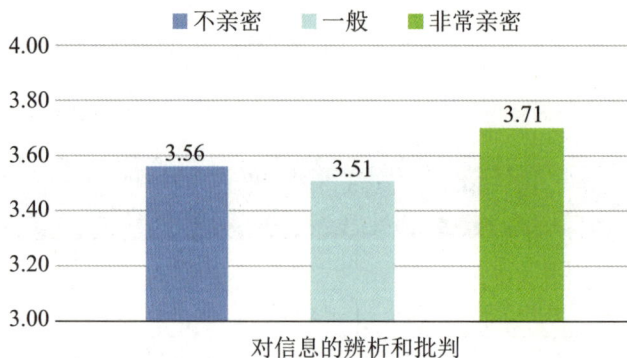

图 4-12　与父母亲密程度——网络信息分析与评价能力维度(5 分制)

父母干预上网活动的频率对信息的辨析和批判、对网络的主动认知和行动指标均有显著影响(Sig. <0.001)。父母干预上网活动的频率越低，青少年对信息的辨析和批判、对网络的主动认知和行动表现越好(见表4-17、图4-13)。

表4-17　父母干预上网活动频率——网络信息分析与评价能力维度差异检验

指标	父母干预上网活动频率	N	Mean	SD	F	Sig.	偏 η^2
对信息的辨析和批判	几乎没有	1422	3.73	0.815	16.827	0.000	0.004
	偶尔	5142	3.61	0.710			
	经常	2561	3.61	0.779			
对网络的主动认知和行动	几乎没有	1422	3.33	0.843	23.850	0.000	0.005
	偶尔	5142	3.26	0.720			
	经常	2561	3.17	0.784			

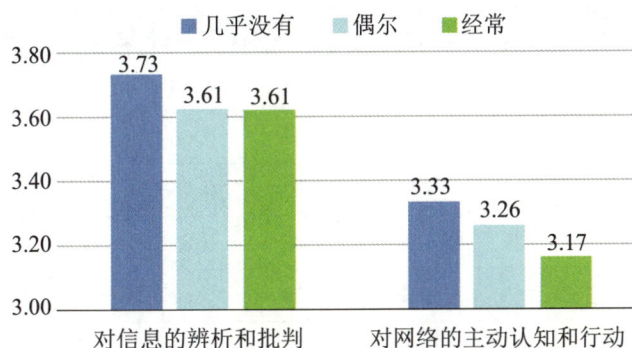

图4-13　父母干预上网活动频率——网络信息分析与评价能力维度(5分制)

3. 学校属性影响因素分析

学校是否开设网络课程对青少年信息辨析和批判指标有显著影响(Sig. <0.001)。学校开设了相关课程的青少年对信息的辨析和批判能力水平明显更高(见表4-18、图4-14)。

表4-18　学校是否开设网络课程——网络信息分析与评价能力维度差异检验

指标	学校是否开设网络课程	N	Mean	SD	F	Sig.	偏 η^2
对信息的辨析和批判	是	7661	3.66	0.734	74.157	0.000	0.008
	否	1464	3.47	0.801			

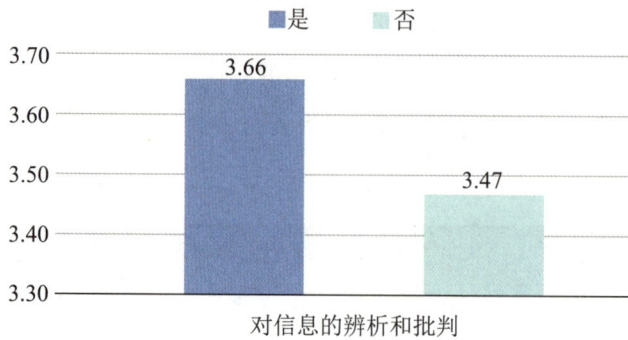

图 4-14　学校是否开设网络课程——网络信息分析与评价能力维度（5 分制）

　　网络课程收获程度对信息的辨析和批判、对网络的主动认知和行动指标均有显著影响（Sig. <0.001）。网络课程收获很大的青少年对信息的辨析和批判表现更好，对网络的主动认知和行动的表现明显较差（见表 4-19、图 4-15）。

表 4-19　网络课程收获程度——网络信息分析与评价能力维度差异检验

指标	网络课程收获程度	N	Mean	SD	F	Sig.	偏 η^2
对信息的辨析和批判	几乎没有收获	317	3.61	0.805	159.643	0.000	0.040
	有些收获	3921	3.52	0.669			
	收获很大	3423	3.82	0.766			
对网络的主动认知和行动	几乎没有收获	317	3.28	0.851	14.418	0.000	0.004
	有些收获	3921	3.29	0.672			
	收获很大	3423	3.20	0.846			

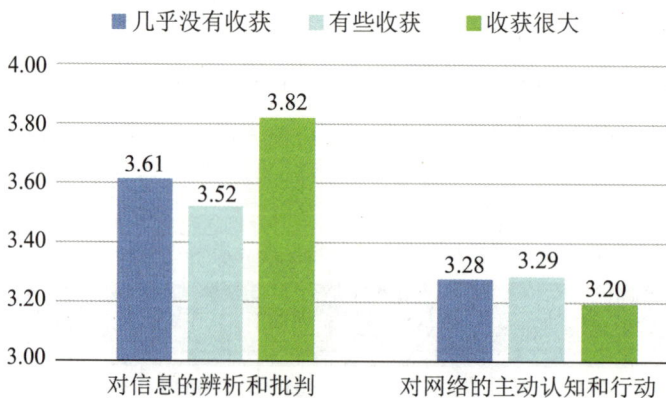

图 4-15　网络课程收获程度——网络信息分析与评价能力维度（5 分制）

与同学讨论网络内容频率对信息的辨析和批判、对网络的主动认知和行动指标均有显著影响(Sig. <0.001)。与同学讨论网络内容越频繁的青少年,对信息的辨析和批判表现越好,对网络的主动认知和行动表现越差(见表4-20、图4-16)。

表4-20 与同学讨论网络内容频率——网络信息分析与评价能力维度差异检验

指标	与同学讨论网络内容频率	N	Mean	SD	F	Sig.	偏 η^2
对信息的辨析和批判	几乎不	451	3.28	0.913	192.459	0.000	0.040
	有时	4554	3.52	0.677			
	经常	4120	3.78	0.770			
对网络的主动认知和行动	几乎不	451	3.42	0.850	84.755	0.000	0.018
	有时	4554	3.33	0.658			
	经常	4120	3.13	0.837			

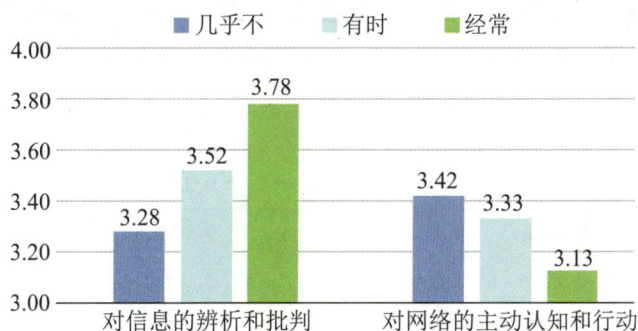

图4-16 与同学讨论网络内容频率——网络信息分析与评价能力维度(5分制)

学校有无移动设备管理规定对信息的辨析和批判指标有显著影响(Sig. <0.001)。学校有设备管理规定的青少年对信息的辨析和批判能力水平明显更高(见表4-21、图4-17)。

表4-21 学校有无移动设备管理规定——网络信息分析与评价能力维度差异检验

指标	学校有无移动设备管理规定	N	Mean	SD	F	Sig.	偏 η^2
对信息的辨析和批判	是	8285	3.65	0.740	59.589	0.000	0.006
	否	840	3.44	0.806			

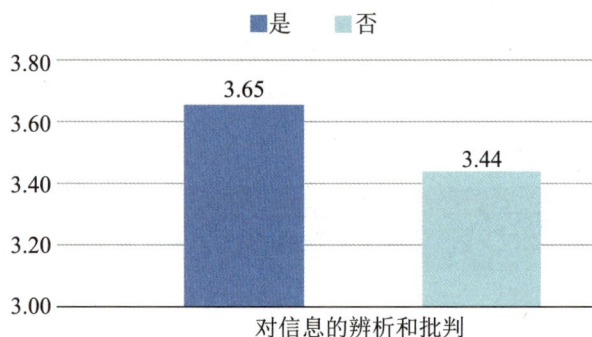

图 4-17　学校有无移动设备管理规定——网络信息分析与评价能力维度(5 分制)

上课使用手机频率对信息的辨析和批判、对网络的主动认知和行动指标均有显著影响(Sig. <0.05)。上课经常使用手机的青少年对信息的辨析和批判表现更好，而对网络的主动认知和行动表现较差(见表 4-22、图 4-18)。

表 4-22　上课使用手机频率——网络信息分析与评价能力维度差异检验

指标	上课使用手机频率	N	Mean	SD	F	Sig.	偏 η^2
对信息的辨析和批判	从未使用	6993	3.63	0.736	3.272	0.020	0.001
	不经常使用	742	3.57	0.738			
	有时候使用	913	3.60	0.745			
	经常使用	477	3.69	0.923			
对网络的主动认知和行动	从未使用	6993	3.28	0.730	32.984	0.000	0.011
	不经常使用	742	3.22	0.750			
	有时候使用	913	3.17	0.792			
	经常使用	477	2.94	1.032			

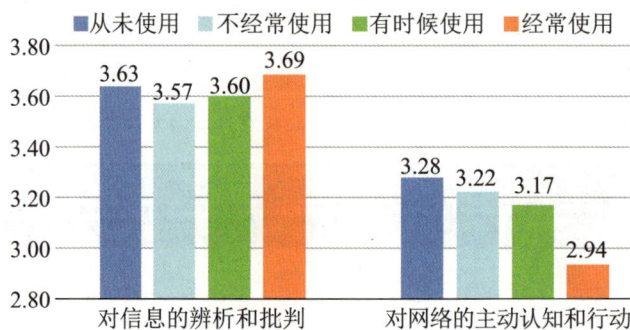

图 4-18　上课使用手机频率——网络信息分析与评价能力维度(5 分制)

三、提升网络信息分析与评价能力的有效策略

通过互联网获取有效的信息并对信息进行鉴别与分析是互联网用户的一项必备技能。数据分析结果显示，青少年的网络信息分析与评价能力随年级升高而提高。在当前的互联网环境下，青少年除了需要掌握必要的媒介技能以适应社会之外，还需要形成一定的信息分析与评价能力。学会批判地解读互联网媒介所传递的信息，包括理性对待网络广告、意识到网络所构建的是一个拟态环境、认真鉴别信息真伪、学会运用多种渠道对信息进行核实。

（一）建立面对网络信息的理性思维

网络上的每个人都有着自己对事物独特的见解，其中也不乏很多不理性的言论，但这样的不理性发言后面有相当多的人通过点赞、评论的方式表达对这些言论的赞同，甚至会把这样的不理性言论升级为不理性的舆论事件，这也让社交媒体被称为不理性言论发源地甚至谣言滋生的温床。这一现象又被称为"沉默的螺旋"。

"沉默的螺旋"的过程中，部分声音不断消失，意见舆论逐渐形成，大众传播通过营造"意见环境"来影响和制约舆论。根据诺依曼的观点，舆论的形成不是社会公众的"理性讨论"的结果，而是"意见环境"的压力作用于人们惧怕孤立的心理，强制人们对"优势意见"采取趋同行动这一非合理过程的产物。"意见环境"的形成来自所处的社会环境、大众传媒，而两者中后者的作用更强大。因此，建立面对网络信息的理性思维至关重要。

1. 全面看待问题，接触多元声音

群体极化的一个根本原因就是接触信息的单一化，单一维度的信息会加深原有认知，并在此基础上更激进。所以如果要在舆论环境中保持理性，首先就要多元接触信息，对于跟自己的认知不一致的信息，保持不排斥、不回避且全面看待问题的基本态度。

2. 去情绪化的独立思考

在多元接触信息的基础上，理性的思考信息带来新的认知上的改变，尤其要避免

被情绪化内容所煽动。科学理性对待网络言论需要更加关注事实本身而不是情绪化的表达，毕竟情绪是理性最大的绊脚石，一旦被情绪牵制，人就会失去理性思考的能力。

3. 提高自我发言的成本，养成审慎表达的习惯

一个既定的事实就是，互联网发言、社交媒体发布实在是太便利了，每个人都可以随意发布未经核实的事实，有研究表明，在转发一条假消息之前如果有一个提示：此消息尚未经过核实，请慎重转发，会大大降低人们随意散布谣言的概率，也为专业的调查和辟谣赢得时间。所以大家在按发送、确认、转发按钮之前，不妨先自问，这样的轻易传播是否能对内容的真实性负责？

如果每个人都能够建立这样的网络行为习惯，将会开启上述 3 个建议所建立的正向循环：更多元地去接触信息，更去情绪化地独立思考，为自己的传播行为更审慎地负起责任。将这样的循环变成一个人的常态后，这个人将真正成为互联网中的"理性声音"，成为理性地打破"沉默的螺旋"的那个人。

4. 培养多角度比较信息的能力

新媒体时代，"信息拼图"在拼成事件相关信息的过程中，不合适的拼图自然被淘汰，最合适的信息块被填充，逐渐"还原"事件全貌。这种"还原"是立体的、多侧面的和多维度的，含有文字、图片、声音、影像而且是饱含情感和立场的。

"信息拼图"在不实信息的拼接和被策划的舆论宣传中同样起作用。如果关于事件的信息一开始是不实的和不全面的，而所谓的"了解真相"的网友也只是凭借道听途说和自己的猜测来发布信息，这样的信息一旦迅速拼接上，少量的真实的信息反而被排异，不实的信息就主宰了舆论的主氛围。还有一种情形，便是有意的、故意的舆论宣传，比如，网络营销公司利用水军造势，有选择性地发布信息，甚至编造信息，再由其他水军发布与之能够拼接的"支援性"信息，从而迅速形成"信息拼图"，形成"舆论"，这需要理性的验证和合理的质疑。同时，为更好地判断信息的真实性与准确性，需要我们进行一定的跨媒介比较和跨文化比较。

跨媒介比较首先要对比媒介形式和目标受众，讨论不同媒介的优缺点来传播同一个特定的消息，达到特定的目标受众。其次，要对比媒介呈现方式和手段。关于一个主题的信息可能被呈现为一个纪录片、一个短视频、一篇公众号上的文章等，对比不同媒介其信息呈现过程中发现什么被强调，什么被遗漏，什么技术被使用等。再次，要对比媒介效果。对同一主题不同媒介呈现出的信息，受众所得出的不同结论和

不同态度进行分析。最后，进行实践操作。使用不同形式的媒介生产关于同一个主题的报告或信息。意识到不同媒介由于各自特点和属性不同，对于同一主题的呈现手段和效果也是不同的，有意识地利用多种媒介进行信息的主动搜索和整合，必要的时候充分利用权威的媒体资源，以期获得较为全面而具体的信息。

跨文化比较是引导学生在不同文化和(或)历史中分析特定的媒介对一个特定的问题或主题的影响。讨论媒介在历史上或当前所扮演的角色，评估关于某一国际事件报道的准确性和观点，例如，比较军事冲突的报道和国际争端问题。在不同文化中探寻关于同一个主题的信息是如何进行阐释的，以及信息本身是如何受到媒介的影响的，通过识别在其他文化中占据一定主导地位的媒介形式以及媒介所有权，理解媒介机构、专业人员以及信息提供者的性质和主观目的。

(二)提高网络信息分析的能力

当前社会正处于一个非常发达的信息时代，在网络上人们可以非常便捷地获取丰富的信息，但是同时它也会带来一些问题：网络上充斥着很多无用的、低质量的、虚假报道的垃圾信息，同时，信息过载导致人和系统处理这么多信息会出现困难。提高辨别网络信息能力有两个策略，一个是围绕信息内容本身以外的外围策略，一个是围绕信息内容本身的中心策略。

1. 外围策略

在意识和情感上，不管在什么样的网络环境中，首先要抱有利用多个信息源的态度；同时要不盲目地相信获取到的信息，也就是说任何在网络上获取的信息，都需要加入自己的判断。

外围策略很重要的一点是信息的权威性认定，主要有两个方向：一个是信息本身的发布者和编作者是谁，内容的产出者有没有这样的专业能力创建这样的信息；另一个是有没有发布的审核方。

我们不能单纯地根据信息资源类型去判定它是否权威，比如说同样是公众号发文，有一些是权威的，有一些是不权威的，这完全要根据它的发布者是谁以及有没有审核者去认定，而不能单纯地通过它的信息类型去认定。

权威性还有另外一种认定方法，由于很难知道所有领域的权威者以及权威机构，这个时候可以诉求于已知的权威机构，看有没有已知的权威机构评价过的信息，必要的时候，可以向其他已知的信息权威机构去询问。

在外围策略中，还要注意的就是信息的更新时间，是否更新及时。

2. 中心策略

这部分是基于信息内容本身来辨别的。中心策略有两个方面：一是信息相关性，二是信息准确性，当然也涉及态度和情感的部分。

信息相关性是指信息与用户的需求和关注点是否匹配，这个需要时刻关注，有的时候上网的时间过得飞快，那是因为对自己的意图的关注不够，被网络信息牵引。

信息准确性的第一点就是它的基本信息是否准确，这个全面判断不容易，可以根据其中的数据、图片等是否准确，以及是否存在语焉不详的情况进行判断。比如说"某人说""某学者说""某网站说"这种语焉不详的情况，就是它不准确的一个表现。第二点是是否有参考文献，也就是说它文中所引用的数据、图片是否明确给出了出处。第三点是是否有语法和排版的错误，这也是准确性的体现之一。

最后就是信息内容本身是否逻辑顺畅、严谨，网上的信息如果出现一些常见的逻辑错误、逻辑谬误、逻辑陷阱，那么该信息就不值得信赖了。一些习以为常的论述方式，可能是有漏洞的。以下是一些常见的逻辑陷阱。

一是错误归因。这个是非常广泛的逻辑错误，错误归因的意思就是把两个根本不关联的事物或者是只有相关关系的事件，错误地认为是因果关系。例如，小红说近年来世界上的海盗数量越来越少，而全球气温越来越高，很明显这是两件没有什么相关性的事件，但是小红说海盗数量的减少导致了气温升高，这是明显的不相关的关系，错误地引导成因果关系，这个就叫错误归因。

二是逸事证据。逸事证据在很多广告里会经常出现，是指用个人经验代替系统论证或者是统计数据。例如，小红说我爷爷已经90岁了，他抽了30年的烟，身体还很健康，所以她得出"吸烟无害身体健康"的结论，这是典型的逸事证据，因为这只是个案。

三是诉诸权威。它是指用权威的观点取代事实的严谨的论述。例如，小红说她反对相对论，因为她的朋友是一个大科学家，她朋友说相对论是错的。

(三) 提升对网络信息的批判能力

批判性思维的第一个关键词就是"理性"。在经济学中，人的假设就是理性的。在互联网时代的今天，要求我们尽可能地进行理性的思考，这也是批判性思维的第一个要求，要求我们有一种全局的观念，在思维上具有开放性和包容性。批判性思维的第二个关键词是"反省"。反省思维是鼓励大家进行一种持续的、反复的、严肃的反思。这种反省思维甚至是有一点点怀疑的态度，是要求找出证据来证明思维的严密性和深度。

1. 发现和质疑前提假设

在网络时代培养批判性思维，第一步就是要发现和质疑前提假设。例如，有人在评价软件上说：这家店的川菜最正宗，如果在全国开连锁，一定会大受欢迎。如果你看到这句话，可能马上就想要去这家店尝一尝、看一看。我们拿这个例子来做批判性的思维，怎么去做呢？这句话的前提就是大家喜欢正宗的东西，但事实上我们认为正宗的东西很多是小时候的饮食习惯，与好不好吃、是否受欢迎没有直接的关系。这就是对于发现和前提假设的一种质疑，这是批判性思维的一个基础。所以这句话从前提假设上并不是那么可靠。

2. 确认逻辑是否一致

在网络时代培养批判性思维，第二步叫作确认逻辑是否一致。例如，有新闻说少吃肉类会更加健康，因为肉类中含有大量的蛋白质，而人吸收了过量的蛋白质是有害的，所以我们要搭配一些蔬菜水果。这个新闻又提出了一种观点，说豆制品当中也有很多的蛋白质，所以多吃豆制品才会更健康。我们经常在一些微信公众号或者是所谓的健康的、养生类的新闻当中见到这样的信息。这样的信息有没有前后矛盾、逻辑不一致的地方呢？前面说"过量摄入蛋白质对身体有害"，但后文又说豆制品也有很多蛋白质，我们多吃会更健康。这些观点之间就有矛盾之处。我们要判断这些观点是否具有统一性，如果没有统一性，这些观点是站不住脚的。

3. 分析特殊情况和背景

在网络时代培养批判性思维，第三步是要分析特殊的情况和背景。现在很多内容和观点都具有特殊的适用范围。面对庞杂的网络信息，我们不能够全盘接受，要考虑到任何一个结论的片面性。例如，在中国和很多国家当中，竖大拇指意味着赞美、点赞。但是在澳大利亚，如果你竖起大拇指就意味着侮辱。我们可以看到，同样一种符号、一种手势，甚至是一种语言，在不同的文化背景下，它的含义完全不同。同样一段信息、故事、观点，如果放在不同的语境之下，它起到的作用也是不一样的。所以，当我们看到一个信息、故事、观点时，一定要结合具体的语境来分析，这就是一种全局性和灵活性的批判性思维。

4. 学会区分事实和观点

在网络时代培养批判性思维，要学会分析什么是事实，什么是观点。在批判性思维当中，事实和观点是完全不同的，是需要严格区分和对待的。事实是经得起推敲的、有证据的、真实发生的事。而观点是人们对事实的评价。我们可以看到，现在互联网上大家争论的焦点其实是观点而不是事实，如果大家争论的东西都没有建立在事实的基础上，何来正确的观点呢？所以，在互联网上如果你接触到一个观点，先判断一下当中有多少事实是站得住脚的？如果站不住脚，那其中的观点可能就是错误的。在互联网时代，批判性思维是我们亟须掌握的一种思维方式。只有掌握了批判性思维，我们才可能在互联网时代做一个内心强大且独立的人。

5. 有效识别虚假信息

(1)内容分析及溯源

一般情况下，如果内容完全不合常理逻辑，则极可能为假。分析内容时，相关评论可作为初步参考。对于图片、视频类内容，则可借助相关工具或者使用反向图像搜索、光影分析法等来识别其是否经过后期编辑。对报道内容进行溯源，可关注内容的发布时间。一般情况下，发布时间越早越可能是原始信息来源。网页所显示的发布时间不一定为真实发布时间，有可能经过人为修改。如原始信息被删除或无法查看，则可尝试借助网页缓存工具进入相关页面。

(2)信息来源分析

找到信息来源后，还需要分析该信源的可信度，主要表现在权威性和客观性等方面。对于网站的权威性，可借助相关网站影响力分析工具如 ScamAnalyze 进行；对于客观性，可以考虑的方向有发布方是否为利益相关方等。

(3)交叉验证

单方信源，消息无法得到交叉印证，需要查看相关内容是否在其他地方被提及，是否为"孤证"。所谓"孤证不立"，一般来说，仅有一个证据支持的结论是不被接受的。在实践当中，我们也会谨慎对待只在一处信源出现过、没有其他信息作支撑的信息。

(4)新技术识别虚假信息和人工智能(AI)生成内容

2023 年 5 月，谷歌为其图像搜索增加两个新功能，以减少虚假信息的传播，特别是在当前人工智能工具已经使得伪造图片变得轻而易举的情况下。Alphabet Inc. 的第一个新功能被称为"关于该图片"，提供了更多背景信息，例如，一张图片或类似图片首次被谷歌收录的时间，首次出现在哪里，以及在网上其他地方出现的情况。这样做的目的是帮助用户查明原始来源，把图片置于具体的环境中，并可利用新闻机构可能提供的曝光证据。谷歌将标记由其工具创建的每一个 AI 生成图像，并且与其他平台和服务合作，以确保它们所发布的文件中添加相同的标记。谷歌联合了 Midjourney 和 Shutterstock 等发布商，目标是确保搜索结果中出现的所有 AI 内容都被标记。

（5）虚假信息识别实用技巧

例如，这张照片什么时候被第一次使用？第一次使用的时间点是否早于这张图被拍摄的时间？照片中的人物穿着符合文中提及的国家的风格吗？寻找路标、店面和广告牌，看上面的文字是否是当地语言？在照片中寻找不一致的照明，相互靠近的物体的亮度和光照的方向是否一致，是否有些看起来更明亮或更暗淡？如果是这样，照片很有可能被修改过。自然界中的光线、颜色和色调通常有轻微的变化，用软件程序修改过的照片中，可能大面积区域都是相同的颜色。一些过于"完美"的图片，可能是被有心之人设计成如此，或能够引起强烈情绪，或带有鲜明立场。

6. 充分利用技术手段防止深度伪造

（1）检测技术，开发可以检测深度伪造视频的自动化系统

2020 年，Facebook 启动了 Deepfake Challenge Competition 竞赛。创建深度伪造内容库，内容库可以促进检测技术的发展。同时，政府应与私有机构合作推广可以用于检测深度伪造视频的数据集，搜集情报并识别对手深度伪造的技术。

（2）内容来源展示

通过内容真实性计划（Content Authenticity Initiative），高通、纽约时报和其他参与者提出一种获取和展示照片源的方法。2022 年 1 月，内容溯源与真实性联盟（C2PA 联盟/Coalition for Content Provenance and Authority）建立了技术标准，指导创建者、编辑、媒体平台和消费者等实现内容来源的展示。

（3）监管措施，通过监管和刑事立法应对深度伪造相关风险

自 2019 年以来，美国通过了多个州的深度伪造应对法案。在联邦层面，也提出了多个法案。但目前多个法案仍在提案阶段。

开源情报是一种情报搜集手段，从各种公开的信息资源中寻找和获取有价值的情报，可以为解决深度伪造问题提供新的方法。这些方法的目标是开发和共享可以用来

识别深度伪造和其他虚假信息相关内容的开源工具。

　　媒介素养项目帮助对信息源感兴趣的读者评估其可信性，并对展示的材料辩证地思考，大量证据表明媒介素养训练可以有效应对传统形式的虚假信息。开展媒介素养培训，可以促进更大范围的媒介素养技能和提高媒体应对虚假信息的能力，向受众警示深度伪造技术就在身边和深度伪造技术用于虚假信息的可能性。

第五章　网络印象管理

人作为社会中的个体，都不是独立的孤岛，人与人之间、个体与他人之间的互动与交往是"社会人"的本质属性之一，处于社会中的个体都离不开与他人的沟通、交往。印象管理是从社会互动的角度来看人的社会化过程，既强调了外界人际环境对个体的影响，也有个体自身的主动调节过程，本身是一个建构和谐的互动过程。① 媒介作为人与人之间沟通的介质和桥梁，也反过来影响人际交往互动的内容和方式。从最开始"身体必须在场"的面对面交流，表情、手势、语音语调等都构成个体独一无二的形象；随着纸张笔墨的发明，文字的书写习惯、用词的偏好也在字里行间塑造着个体形象。当下，互联网走进千家万户、网络应用服务不断迭代更新，"身体"的缺席成为新常态，网络空间的个性化表达正在重新塑造网络自我。在万物互联的时代背景下，网络人际互动进一步发展深化，网络所特有的虚拟性、匿名性和隐藏性正在逐渐被弱化，人们倾向于用真实的身份在网络中进行互动，而且沉迷于在网络中分享大量的真实信息和生活细节。② 现实生活空间与网络空间的叠加范围不断扩大，现实自我和网络自我形象互相影响的程度也在不断加深。网络空间非"即时"性的表达也为网络印象塑造与管理留足空间，在网络上塑造、管理自身给他人留下的印象也成为网络素养的重要组成部分。

一、网络印象管理的概念和发展

(一)印象管理

印象管理的理论基础最早可以追溯到美国实用主义的符号互动理论。符号互动理

---

① 晏碧华：《青少年印象管理的外显与内隐加工模式研究》，硕士学位论文，陕西师范大学，2008。
② 王景：《大学生微信"朋友圈"中的自我呈现研究》，硕士学位论文，西南大学，2017。

论认为人们在社会交往中的"角色扮演"是根据他人(社会)的期待来限定的,需要通过推断他人对各种行为的反应来选择自己的行动,最终目的在于形成或改变他人对自己的看法。一般来说,学界公认的印象管理相关研究缘起于美国社会学家戈夫曼,他在《日常生活中的自我呈现》一书中指出每个人都或有意或无意地使用某些技巧来控制自己给他人的印象,希望在有其他人存在的舞台上展现自己最为光彩优秀的一面,同时也指出自我呈现对于确定个人在社会秩序中的位置、确定互动的基调和方向以及促进角色控制行为表现的重要性,这一理论被称为"拟剧论"或"印象管理"。① 部分学者根据自己的研究,指出个人对印象管理的理解,在印象管理采取策略、行动塑造维系个人理想形象、尽量不展示个人形象中的不足方面达成共识。如 Baumeister 认为印象管理是指个体通过具体的行为向外界传达个人信息。印象管理的动机主要包括两个,一个是取悦大众,另外一个是建立、维持或完善个体在他人心目中的理想形象。② Schlenker 在研究中指出,一个人的公众形象能够展示个体期望在社会关系中受到怎样的对待,并致力于未来向公众展示类似的形象,尽量不展现被期待形象之外的不足之处。③

国内对于印象管理概念的研究更多从过程和目的出发,指出自己对印象管理的认知,对印象管理给出了更为细致明确的界定。有学者认为印象管理主要是指个体通过一定的方式和策略,如有意识地选择言辞、表情、动作等,来影响他人对自己印象的形成,目的在于美化自己,不给他人留下不好的印象。④ 同时强调印象管理中的社会互动及人际交往,个体并不是被动地对外界环境做出反应,而是根据交往对象的特质和不同,有意识地选择个体呈现方式,使得个人的呈现方式能与他人保持一致,借此尽量给他人留下良好印象。⑤ 也有学者对国内外前人的研究进行归纳整理,对印象管理应该具备的概念要点进行分条概括总结,指出印象管理的概念应具备以下几个要点:(1)强调社会互动,是一种人际交往行为;(2)重视社会情境;(3)个体能够根据

① 欧文·戈夫曼:《日常生活中的自我呈现》,黄爱华,冯钢译,杭州,浙江人民出版社,1989。

② Baumeister, Roy F., "A Self-Presentational View of Social Phenomena," *Psychological Bulletin*, 1982, 91(01).

③ Schlenker, Barry R., "Self-presentation: Managing the Impression of Consistency When Reality Interferes with Selfenhancement," *Journal of Personality and Social Psychology*, 1975, 32(06).

④ 房玲:《印象管理综述》,载《社会心理科学》,2005(03)。

⑤ 陈思清:《〈高中生自我呈现量表〉的编制及其与自我分化、社会支持之间的关系》,硕士学位论文,河北师范大学,2018。

行为人和目标人的行为态度能动控制，主动调节；（4）个体的人格特点、动机态度等会影响其印象管理行为。① 印象管理较为公认的定义可总结为个体为给他人留下良好印象，有意识、有选择地采取主动行为，来塑造、维持、完善个体在他人心目中的理想形象。也有学者认为印象管理研究不仅是一个理论，更是一个元理论框架，在这个框架内，人们可以对人类社会行为的原因和后果的问题进行阐述并且寻求答案。②

（二）网络印象管理

随着网络普及，关注现实生活的印象管理研究也开始着眼于虚拟网络空间中的个人印象管理，并开始对网络空间中的印象管理策略进行研究。在线下面对面的交流中，面部表情、手势等身体语言，言谈举止、外界环境等都会限制个体的印象管理。而移动互联网的出现则为个体社交提供舞台，网络社交，即 CMC（Computer Mediated Communication）与面对面的交流在形式和功能上有很大的不同。Walther 指出身体特征，如一个人的外貌和声音，提供了人们第一印象的大部分信息，而这些特征在 CMC中通常是不存在的，但 CMC 用户可以有选择地呈现自我，由于网络的异步性，用户在发布个人内容时，可以进行编辑、更改，以及删除已发布的内容，在网络空间个体以一种受控制的和社会期待的方式展现自我的态度和个人相关信息，从而管理个人的网络形象。③

面对线上线下不同的交流环境，学者也对个体在现实生活和网络空间中的印象管理策略进行对比。然而，尽管互联网常常被视为一个个人再创造的空间，摆脱了线下互动和身份规范的约束，但研究一再发现，这些规范延续到线上环境，并塑造了自我呈现。④ 当下的社交网络多基于线下真实的人际关系而发展，线上线下的人际关系联系密切，江爱栋认为目前的网络平台多为"通过熟人认识熟人"，个体在网络空间的自

---

① 刘方正：《初中生印象管理策略的认知研究》，硕士学位论文，华东师范大学，2014。

② Tetlock P. E., Manstead A. S., "Impression Management Versus Intrapsychic Explanations in Social Psychology: A Useful Dichotomy?," *Psychological Review*, 1985, 92(01).

③ Walther J. B., "Selective Self-presentation in Computer-Mediated Communication: Hyper Personal Dimensions of Technology, Language, and Cognition," *Computers in Human Behavior*, 2007, 23(05).

④ Kapidzic S., Herring S. C., "Gender, Communication, and Self-Presentation in Teen Chatrooms Revisited: Have Patterns Changed?," *Journal of Computer Mediated Communication*, 2011, 17(01).

我呈现也更为真实，所采取的印象管理策略也与现实交往中的印象管理策略越来越接近。① 大学生群体在网络空间的角色呈现也基本与真实生活中的社会角色相符合，且呈现出多为积极正面的形象。② 线上的印象管理策略也多由线下策略发展而来，不过在策略使用偏好上有所差异。Pittman 等研究总结了人们在现实生活中印象管理的五种策略，分别是：迎合讨好（ingratiation）、威逼强迫（intimidation）、自我宣传（self-promotion）、榜样示范（exemplification）和示弱求助（supplication）。③ 基于此，Dominick 对线上个人主页进行研究时发现，讨好逢迎、示弱求助和自我能力提升 3 种策略在线上的印象管理策略中比较常用。④ 有研究者在对博客的研究中发现，"情绪/情感表达"在博客中出现的频率最高，并且博主在自己博客上进行高度的自我表露，即分享自身的情绪、想法、内心感受时，能够收获更多的社会支持，同时更能够与他人建立亲密关系，并进一步提升个体幸福感。⑤

社交媒体平台作为用户在网络空间展示自我、进行个人印象管理的重要场域，研究者也常以网络社交媒体平台用户的印象管理为研究对象，集中于对用户自我呈现的方式、特点及印象管理策略的研究。在网络社交媒体平台中，用户可以发布文本、图片、音乐、分享链接等，并在这个过程中努力以自己感觉良好的方式展示自己和维持社会关系，对被别人看到和评判的可能性做出反应。⑥ 在社交媒体平台，每个人可以有意识地利用相关策略进行个人形象塑造和管理。张治根据大学生线上印象管理的具体做法，将其线上印象管理策略分为三类，分别为积极主动型（包括频繁更新状态、转发内容、回复留言等）、被动防御型（包括道歉、解释质疑、自我调整等）、模糊泛化型（包括简化语言、用词模糊、不明确解释等），研究结果表明大学生在网络空间，

---

① 江爱栋：《社交网络中的自我呈现及其策略的影响因素》，硕士学位论文，南京大学，2013。

② 陆莹：《人人网中大学生自我呈现研究》，硕士学位论文，哈尔滨工业大学，2010。

③ Jones E. E., Pittman T. S., "Toward a General Theory of Strategic Self-Presentation," *Psychological Perspectives on the Self*, 1982, 1(01).

④ Dominick Joseph R., "Who Do You Think You Are? Personal Home Pages and Self-Presentation on the World Wide Web," *Journalism & Mass Communication Quarterly*, 1999, 76(04).

⑤ Ko H. C., Kuo F. Y., "Can Blogging Enhance Subjective Well-being Through Self-disclosure?," *CyberPsychology & Behavior*, 2009, 12(01).

⑥ Marwick A., "The Public Domain: Surveillance in Everyday Life," *Surveillance & Society*, 2012, 9(04).

更多使用积极主动型的印象管理策略。① 杨灿灿在研究中发现大学生和年轻白领群体在印象管理策略的使用方面，积极的自我呈现均值明显高于真实的自我呈现均值。②

随着互联网的发展，有学者指出人们也在面临着过度连接的重负，例如，强互动下的倦怠与压迫感、线上过度连接对线下连接的挤占、人与内容过度连接的重压等，用户也会根据情境选择"反连接"。③ Marwick 认为随着社交媒体技术融合了现实世界中的社会环境，将不同语境中的多样的受众聚集到一个社交媒体平台和一种语境中，就产生了"语境崩溃"。④ 面对这一情境，用户为了维护良好的社交形象，在线上的自我呈现中除了对内容的选择，还可以拥有平台赋予的"回避"机制⑤，比如使用微信朋友圈的"仅三天可见""分组"等功能，有的用户疲于展示自己甚至产生退缩，试图抹去曾经的数字"拟身"，避免真实复杂的情绪流露。⑥ 有学者从隐私管理角度考察这种权限行为，发现更多的自我退缩行为，即限制个人资料可见性，并不意味着更少的自我表露，它们相互补偿，形成了更好的隐私管理策略。⑦

随着网络的普及应用，网络平台所特有的异步性及缺少面对面交流的身体线索，也为用户的网络印象塑造和维系提供新的舞台。用户在网络平台的印象管理特点、形式和策略也成为学者研究的重要方向。鉴于目前网络生活与现实生活的交叠程度不断加深，在网络空间呈现真实自我、塑造符合真实世界中社会角色的要求和规范的形象成为常态。

---

① 张治：《大学生在社交网络使用中的印象管理策略及其影响因素》，硕士学位论文，郑州大学，2015。

② 杨灿灿：《社交网络中策略性自我呈现的影响因素研究》，硕士学位论文，北京邮电大学，2018。

③ 彭兰：《连接与反连接：互联网法则的摇摆》，载《国际新闻界》，2019(02)。

④ Marwick A. E., Boyd D., "I Tweet Honestly, I Tweet Passionately: Twitter Users, Context Collapse, and the Imagined Audience," *New Media & Society*, 2011, 20(01).

⑤ 晏庆合：《社交媒体的关系想象失衡与自我呈现隐退——以"仅三天"现象为中心》，载《长江师范学院学报》，2023(06)。

⑥ 董晨宇，丁依然：《当戈夫曼遇到互联网——社交媒体中的自我呈现与表演》，载《新闻与写作》，2018(01)。

⑦ Chen H. T., "Revisiting the Privacy Paradox on Social Media with an Extended Privacy Calculus Model: The Effect of Privacy Concerns, Privacy Self-efficacy, and Social Capital on Privacy Management," *American Behavioral Scientist*, 2018, 62(10).

（三）青少年群体网络印象管理及影响因素研究

在个人网络形象的塑造维系过程中，不同群体间也有独特特点，Papacharissi 总结指出那些与性别、种族和阶级有关的社会角色，以及涉及职业、家庭和社交圈的社会角色，都是通过重复的行为表现出来的。[①] 部分学者将目光对准青少年群体的网络印象管理研究。青春期是青少年身份认同形成和确认的关键时期[②]，在这一生理心理发育阶段，青少年开始更关注到自己的心理层面，并更加关注自身积极和消极的性格特征，因此，他们的自我形象变得越来越不同，越来越复杂。[③] 当网络上的他人，也就是"观众"处于匿名、虚体化的状态下，对于那些自我认知尚不成熟的青少年来说，他人或"观众"成为构建自我的一面独特的镜子，青少年在网络上的自我呈现是构建自我过程中不可或缺的一部分，因此，网络世界中的"亲密陌生人"和"匿名朋友"在青少年自我构建中承担着重要角色。[④] 青少年了解到其他人对自我有不同的印象，并且可以通过自我表现的方式影响别人对他们的看法，当青少年关心他们给同龄人留下的印象以及他们感觉被同龄人接受的程度时，他们会仔细考虑在社会交往中所要做或不做的事情。基于此，青少年会更自觉地进行印象管理。[⑤] 在对青少年网络社交平台的研究中，有学者分析男生和女生在印象管理方面的差异，如 Kapidzic 与 Herring 研究发现女孩在个人平台发布的照片，倾向于选择离相机很近的照片（只显示自己的脸或上半身），而男孩更喜欢距离更远的照片，即在线个人图片在性别方面也呈现出类似的"对话式"动态，女孩邀请观众更亲密，而男孩则保持着更远的距离。[⑥] 有学者对青少年在网络平台发布的内容进行分析，Elizabeth Mazur 与 Lauri Kozarian 认为博客为用

① Papacharissi Z. , "Without you, I'm Nothing：Performances of the Self on Twitter," *International Journal of Communication*, 2012, 6(01).

② Steinberg L. , "Adolescence：Puberty, Cognitive Transition, Emotional Transition, Social transition," http://psychology. jrank. org/pages/14/Adolescence. html, 2020-02-10.

③ Steinberg L. , Morris A. S. , "Adolescent Development," *Journal of Cognitive Education and Psychology*, 2001, 2(01).

④ Zhao S. , "The Digital Self：Through the Looking Glass of Telecopresent Others," *Symbolic Interaction*, 2005, 28(03).

⑤ Gaëlle Ouvrein, Karen V. , "Sharenting：Parental Adoration or Public Humiliation? A Focus Group Study on Adolescents' Experiences with Sharenting Against the Background of their Own Impression Management," *Children and Youth Services Review*, 2019, 99(02).

⑥ Kapidzic S. , Herring S. C. , "Race, Gender, and Self-presentation in Teen Profile Photographs," *New Media & Society*, 2015, 17(06).

户提供了一个通过写作和管理个人信息来控制自己公众形象的绝佳机会，并对15～19 岁青少年的博客内容进行分析，发现其发布的内容大多为自己的日常生活、朋友和恋爱关系，常常发布自己的照片，好友数量很多，但大多数内容下面并没有评论或评论很少，并提出青少年发布博客并不是为与他人直接互动，而是谨慎地呈现自我，大多数采取迎合的策略和乐观的方式向他人展示自己。① Chia-chen 与 Brown 则对刚上大学的新生群体进行研究，发现大学新生群体倾向于积极在 Facebook 上发帖，很可能会收到受众的安慰性评论或"赞"，从而提升自尊，同时一些更广泛、更深入、更积极、更真实的 Facebook 自我呈现更有可能获得支持性反馈，同时对于新生来说，选择性的自我展示并不会损害真实性的自我表达，数字时代的青少年内心有一个核心自我，他们可以在此基础上评估自我表现的真实性和准确性，并选择在不同的环境中展示自我的哪一部分。② 这与 Michikyan 等人的研究发现类似，由于青少年的社交网络同时包括强关系和弱关系，同时呈现真实的自我和虚假的自我是极有可能的，且青年群体认为自己在平台展示的真实性自我多于理想性自我和虚假性自我，以及年轻人使用社交媒体平台是来展示他们想成为怎样的人并且相信自己对理想中的自我呈现能够转化为真实情况。③

国内面向中学生群体的网络印象管理的研究相对较少，主要针对中学生群体具体的印象管理策略及其与幸福感、羞怯等的关系。晏碧华依据印象管理的两维模型来测量青少年印象管理倾向，认为青少年的印象管理存在人际倾向和自我倾向两个方面，自我倾向即主动呈现自我特点，相信自己是能动的，人际倾向则表现为社会适应和环境顺应，行为表现对人际关系互动有利，研究结果发现青少年印象管理中自我倾向和人际倾向两个维度呈现分离态势。④ 黄含韵在探究我国青少年的社交媒体沉迷及网络印象管理情况时给出了具体的分类，将青少年常用的网络印象管理策略分为四类，分别是迎合、伤害控制、操控和自我宣传。⑤ 马瑶则对中学生网络平

① Elizabeth M. , Lauri K. , "Self-presentation and Interaction in Blogs of Adolescents and Young E-merging Adults," *Journal of Adolescent Research*, 2010, 25(01).

② Yang Chia-chen, Bradford Brown B. , "Online Self-Presentation on Facebook and Self Development During the College Transition," *Journal of Youth & Adolescence*, 2016, 45(02).

③ Michikyan M. , Dennis J. , Subrahmanyam K. , "Can You Guess Who I Am? Real, Ideal, and False Self-Presentation on Facebook Among Emerging Adults," *Emerging Adulthood*, 2015, 3(01).

④ 晏碧华：《青少年印象管理的外显与内隐加工模式研究》，硕士学位论文，陕西师范大学，2008。

⑤ 黄含韵：《中国青少年社交媒体使用与沉迷现状：亲和动机、印象管理与社会资本》，载《新闻与传播研究》，2015(10)。

台自我呈现方式对其主观幸福感的影响进行研究，结果表明中学生积极的社交网络自我呈现方式与主观幸福感呈显著负相关，而真实的社交网络自我呈现方式则与其主观幸福感呈现显著正相关。① 刘寅伯则对初中生的羞怯与印象管理的关系进行研究，发现初中生羞怯水平越高印象管理水平越低；反之，羞怯水平越低，印象管理水平越高。②

　　目前对于影响中学生网络印象管理因素的研究也相对缺少，网络印象管理作为网络素养的重要组成部分③，对中学生网络素养影响因素的相关研究可以提供部分借鉴与思考。国际教育成就评估协会于 2013 年首次对国际中学生的计算机与信息素养进行大规模测评，测评结果发现中学生计算机与信息素养的形成发展受中学生个体、家庭背景、学校教学、学校资源、地区及国家教育信息化设备以及政策引导等多方面因素的影响④，即中学生网络素养主要受其个人、家庭、学校以及国家因素的影响。杜海钰对乌海市初中生进行调查，发现学生性别、个人对信息技术的兴趣程度、父母学历、家庭经济收入、对信息课程的学习程度等都会影响中学生的信息素养。⑤ 韩璐在对影响中学生的家庭因素研究中发现，父母的受教育程度、与孩子的沟通方式、家庭网络生活规范、家庭氛围、亲子关系等会影响中学生的网络素养。⑥ 有研究指出，初中生的媒介素养水平受到个人、家庭和学校三方面因素的共同影响，个人因素包括知识掌握、媒体接触时间等；家庭因素包括家长对孩子上网的态度以及给予的上网引导；学校因素包括学校的媒体环境、教师的指导等。⑦ 整体而言，对中学生的媒介素养影响因素可以归纳为中学生个体、家庭和学校 3 个方面。

① 马瑶：《中学生社交网络自我呈现与主观幸福感的关系研究》，硕士学位论文，重庆师范大学，2018。
② 刘寅伯：《初中生羞怯与印象管理、同伴关系的关系研究》，硕士学位论文，山东师范大学，2012。
③ 方增泉，祁雪晶等：《中国青少年网络素养绿皮书》，北京，中国传媒大学出版社，2018。
④ 覃丽君：《中学生计算机与信息素养形成与发展的影响因素研究——以 2013 计算机与信息素养国际测评为例》，载《中国电化教育》，2015(03)。
⑤ 杜海钰：《初中生信息素养水平现状调查与影响因素分析——以乌海市第四中学为例》，硕士学位论文，内蒙古师范大学，2014。
⑥ 韩璐，卢锋：《自媒体环境下青少年媒介素养的家庭影响因素研究》，载《经营与管理》，2016(01)。
⑦ 刘卫琴：《初中生媒介素养及媒介素养教育研究——兼论美国媒介素养教育对我国的启示》，硕士学位论文，苏州大学，2015。

二、网络印象管理能力的构成与影响因素

(一)研究框架

通过文献梳理和前测考察，我们把网络印象管理能力的指标划分为 3 个一级指标：迎合他人、社交互动、自我宣传(见表 5-1)。

表 5-1　网络印象管理能力指标体系

维度	一级指标	项数
网络印象管理能力	迎合他人	3
	社交互动	4
	自我宣传	3

我们构建了关于"网络印象管理能力"的问题量表如下。

· 当我被责怪做错事时，我会在网络上为自己辩解(迎合他人)。

· 我在网络上夸赞朋友们的言论或经历，让他们觉得我很友好(迎合他人)。

· 我在网络上关注朋友们，让他们觉得我关心他们(迎合他人)。

· 我在网络上给朋友点赞，让他们愿意和我分享(社交互动)。

· 我会在网上澄清负面事件，以免给朋友留下不好的印象(社交互动)。

· 如果我伤害了朋友，我会在网上跟他道歉(社交互动)。

· 我在网上与朋友分享我所获得的好成绩或奖励(社交互动)。

· 我在网络上和朋友分享自己的生活(旅行、美食等)经历(自我宣传)。

· 我发朋友圈/QQ 空间时会分组(自我宣传)。

· 我在社交媒体上发布消息时会提前美化图片(自我宣传)。

(二)网络印象管理能力信效度检验

经过信度和效度检验，网络印象管理能力的克隆巴赫 Alpha 系数为 0.896，且一级指标迎合他人、社交互动和自我宣传的克隆巴赫 Alpha 系数均大于 0.7，信度较好(见表 5-2)；巴特利特球形度检验的显著性为 0.000，小于 0.05，因而可以认为相

关系数的矩阵与单位矩阵有显著性差异；KMO 的值为 0.896，大于 0.6，原有的变量具有较好的研究效度（见表 5-3）。网络印象管理能力 3 个主成分累积方差贡献率为 72.942%，且成分矩阵显示各指标划分维度与设定的一级指标维度相吻合，因此能较好地反映网络印象管理能力情况。

表 5-2　网络印象管理能力可靠性分析

维度	指标	克隆巴赫 Alpha 系数	项数
网络印象管理能力	总体	0.896	10
	迎合他人	0.838	3
	社交互动	0.845	4
	自我宣传	0.778	3

表 5-3　网络印象管理能力 KMO 取样适切性量数和巴特利特球形度检验

KMO 取样适切性量数		0.896
巴特利特球形度检验	近似卡方	48645.648
	自由度	45
	显著性	0.000

（三）网络印象管理能力得分

在青少年网络印象管理能力方面，社交互动指标得分较高，迎合他人指标得分最低（见表 5-4）。这说明，青少年在网络环境中进行印象管理的主动性大幅提升，会在一定程度上通过分享成就来塑造个人形象，也会通过夸赞、关注等来迎合他人，但面对负面信息的回应倾向和能力依然较弱。

表 5-4　网络印象管理能力指标体系得分

维度	一级指标	得分（5 分制）
网络印象管理能力	迎合他人	2.83
	社交互动	3.21
	自我宣传	3.04

(四)影响青少年网络印象管理能力的因素分析

1. 个人属性影响因素分析

不同年级之间的迎合他人、社交互动和自我宣传指标数值均有显著差异(Sig. < 0.001)。高中生在利用社交媒体迎合他人、进行社交互动和自我宣传方面的能力表现均明显好于初中生(见表5-5、图5-1)。

表5-5　年级——网络印象管理能力维度差异检验

指标	年级	N	Mean	SD	F	Sig.	偏 η^2
迎合他人	七年级	1961	2.70	1.004	14.156	0.000	0.008
	八年级	1866	2.81	0.939			
	九年级	1813	2.83	0.910			
	高一	1470	2.87	0.843			
	高二	1219	2.96	0.865			
	高三	796	2.89	0.925			
社交互动	七年级	1961	3.14	0.919	5.298	0.000	0.003
	八年级	1866	3.21	0.883			
	九年级	1813	3.23	0.855			
	高一	1470	3.20	0.767			
	高二	1219	3.27	0.810			
	高三	796	3.28	0.825			
自我宣传	七年级	1961	2.85	0.987	32.335	0.000	0.017
	八年级	1866	2.98	0.964			
	九年级	1813	3.09	0.902			
	高一	1470	3.12	0.858			
	高二	1219	3.17	0.907			
	高三	796	3.21	0.891			

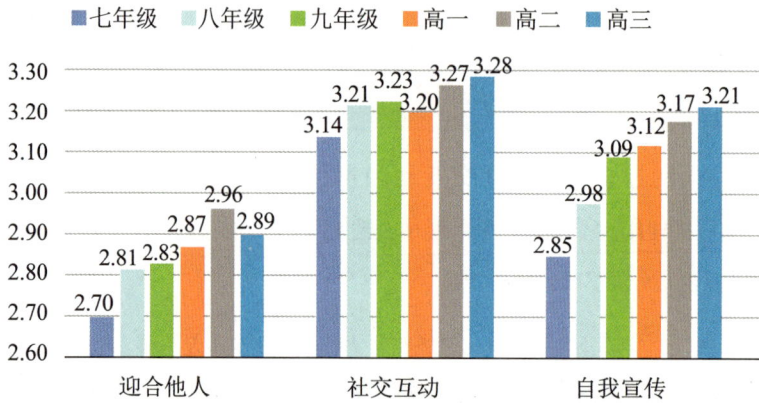

图 5-1　年级——网络印象管理能力维度(5 分制)

　　不同成绩水平的青少年利用社交媒体迎合他人、进行社交互动和自我宣传的能力表现均有显著差异(Sig.<0.01)。成绩优秀的青少年利用社交媒体迎合他人、进行社交互动和自我宣传的能力明显更强(见表 5-6、图 5-2)。

表 5-6　成绩——网络印象管理能力维度差异检验

指标	成绩	N	Mean	SD	F	Sig.	偏 η^2
迎合他人	下游	1435	2.85	0.979	9.091	0.000	0.002
	中等	5315	2.80	0.879			
	优秀	2375	2.89	0.988			
社交互动	下游	1435	3.18	0.904	21.189	0.000	0.005
	中等	5315	3.17	0.816			
	优秀	2375	3.31	0.897			
自我宣传	下游	1435	3.05	0.981	5.572	0.004	0.001
	中等	5315	3.02	0.898			
	优秀	2375	3.09	0.983			

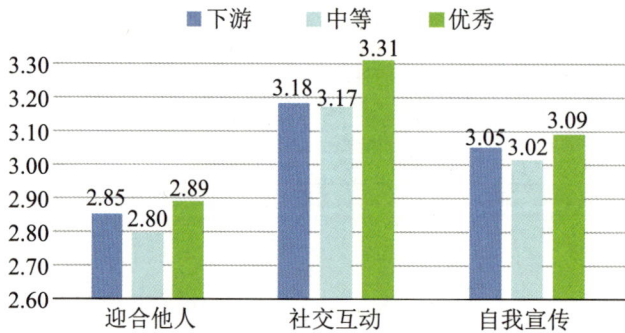

图 5-2　成绩——网络印象管理能力维度(5 分制)

不同户口类型的青少年利用社交媒体迎合他人、进行社交互动和自我宣传的能力均有显著差异(Sig.<0.001)。拥有城市户口的青少年利用社交媒体迎合他人、进行社交互动和自我宣传的能力明显高于农村户口的青少年(见表5-7、图5-3)。

表5-7 户口类型——网络印象管理能力维度差异检验

指标	户口类型	N	Mean	SD	F	Sig.	偏 η^2
迎合他人	城市	4925	2.90	0.965	60.126	0.000	0.007
	农村	4200	2.75	0.871			
社交互动	城市	4925	3.27	0.891	60.519	0.000	0.007
	农村	4200	3.14	0.803			
自我宣传	城市	4925	3.12	0.969	78.763	0.000	0.009
	农村	4200	2.95	0.883			

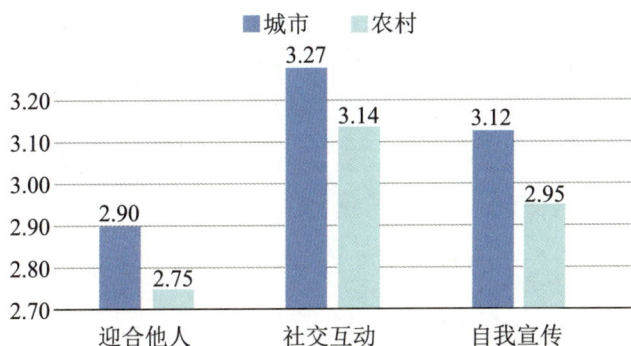

图5-3 户口类型——网络印象管理能力维度(5分制)

对于网络印象管理能力维度,不同地区的青少年利用社交媒体迎合他人、进行社交互动和自我宣传的能力均有显著差异(Sig.<0.001)。东部地区的青少年迎合他人、进行社交互动和自我宣传的能力明显高于其他地区(见表5-8、图5-4)。

表5-8 地区——网络印象管理能力维度差异检验

指标	地区	N	Mean	SD	F	Sig.	偏 η^2
迎合他人	东部	3063	2.93	0.965	43.505	0.000	0.009
	中部	2105	2.86	0.869			
	西部	3957	2.73	0.914			

续表

指标	地区	N	Mean	SD	F	Sig.	偏 η^2
社交互动	东部	3063	3.30	0.899	26.169	0.000	0.006
	中部	2105	3.20	0.801			
	西部	3957	3.15	0.841			
自我宣传	东部	3063	3.16	0.963	39.874	0.000	0.009
	中部	2105	2.94	0.884			
	西部	3957	3.01	0.930			

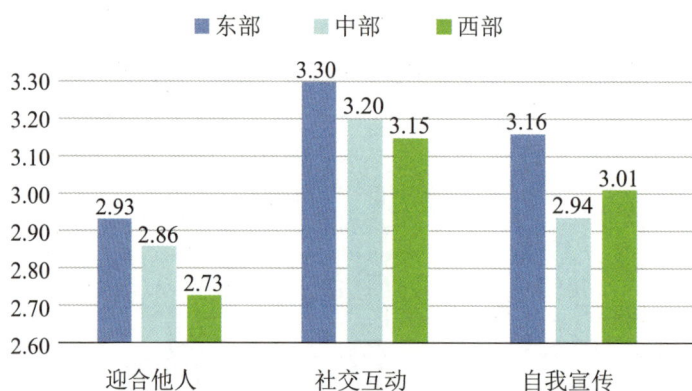

图 5-4　地区——网络印象管理能力维度（5 分制）

日均上网时长对青少年利用社交媒体迎合他人、进行社交互动和自我宣传能力均有显著影响（Sig. <0.001）。日均上网时间越长，青少年迎合他人、进行社交互动和自我宣传的表现越好（见表 5-9、图 5-5）。

表 5-9　日均上网时长——网络印象管理能力维度差异检验

指标	日均上网时长	N	Mean	SD	F	Sig.	偏 η^2
迎合他人	1 个小时以下	3758	2.72	0.948	37.445	0.000	0.012
	1~3 个小时	3800	2.87	0.861			
	3~5 个小时	969	2.92	0.910			
	5 个小时以上	598	3.08	1.104			

续表

指标	日均上网时长	N	Mean	SD	F	Sig.	偏 η^2
社交互动	1 个小时以下	3758	3.14	0.868	14.925	0.000	0.005
	1～3 个小时	3800	3.25	0.807			
	3～5 个小时	969	3.26	0.837			
	5 个小时以上	598	3.31	1.034			
自我宣传	1 个小时以下	3758	2.95	0.947	24.223	0.000	0.008
	1～3 个小时	3800	3.07	0.887			
	3～5 个小时	969	3.16	0.924			
	5 个小时以上	598	3.21	1.100			

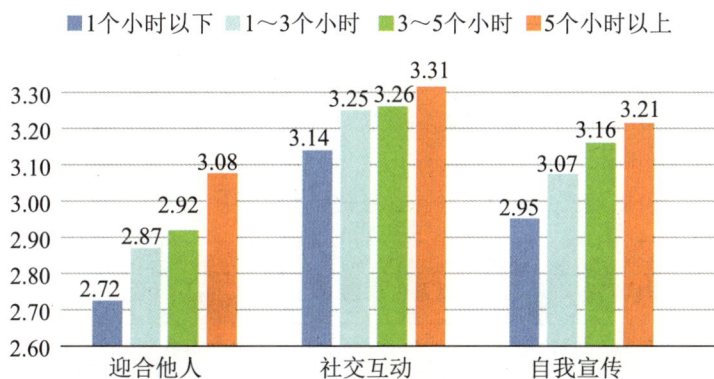

图 5-5　日均上网时长——网络印象管理能力维度(5 分制)

　　网络技能熟练度对青少年利用社交媒体迎合他人、进行社交互动和自我宣传能力均有显著影响(Sig. <0.001)。网络技能非常熟练的青少年在 3 个指标方面均表现最好(见表 5-10、图 5-6)。

表 5-10　网络技能熟练度——网络印象管理能力维度差异检验

指标	网络技能熟练度	N	Mean	SD	F	Sig.	偏 η^2
迎合他人	非常不熟练	685	2.67	1.109	90.532	0.000	0.038
	不熟练	559	2.58	0.869			
	一般	2918	2.68	0.792			
	比较熟练	2511	2.83	0.812			
	非常熟练	2452	3.10	1.062			

续表

指标	网络技能熟练度	N	Mean	SD	F	Sig.	偏 η^2
社交互动	非常不熟练	685	3.01	1.057	165.998	0.000	0.068
	不熟练	559	2.94	0.824			
	一般	2918	3.02	0.734			
	比较熟练	2511	3.22	0.748			
	非常熟练	2452	3.55	0.923			
自我宣传	非常不熟练	685	2.77	1.110	217.913	0.000	0.087
	不熟练	559	2.57	0.892			
	一般	2918	2.82	0.807			
	比较熟练	2511	3.09	0.812			
	非常熟练	2452	3.43	0.997			

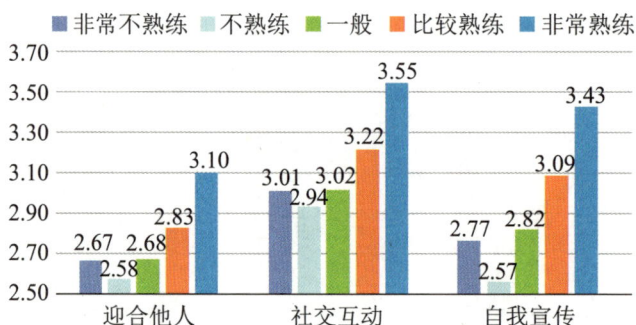

图 5-6　网络技能熟练度——网络印象管理能力维度(5 分制)

2. 家庭属性影响因素分析

父亲学历对青少年利用社交媒体迎合他人、进行社交互动和自我宣传指标均有显著影响(Sig. <0.001)。父亲学历越高，3 个指标的表现越好(见表 5-11、图 5-7)。

表 5-11　父亲学历——网络印象管理能力维度差异检验

指标	父亲学历	N	Mean	SD	F	Sig.	偏 η^2
迎合他人	小学	831	2.70	0.854	8.731	0.000	0.006
	初中	2618	2.78	0.891			
	高中/中专/技校	2349	2.87	0.914			
	大专	1264	2.82	0.928			
	本科	1655	2.89	0.972			
	硕士及以上	327	3.02	1.085			

续表

指标	父亲学历	N	Mean	SD	F	Sig.	偏 η^2
社交互动	小学	831	3.07	0.787	10.467	0.000	0.007
	初中	2618	3.16	0.822			
	高中/中专/技校	2349	3.24	0.848			
	大专	1264	3.25	0.860			
	本科	1655	3.27	0.885			
	硕士及以上	327	3.39	1.010			
自我宣传	小学	831	2.90	0.859	13.793	0.000	0.009
	初中	2618	2.96	0.904			
	高中/中专/技校	2349	3.08	0.923			
	大专	1264	3.08	0.954			
	本科	1655	3.14	0.972			
	硕士及以上	327	3.22	1.033			

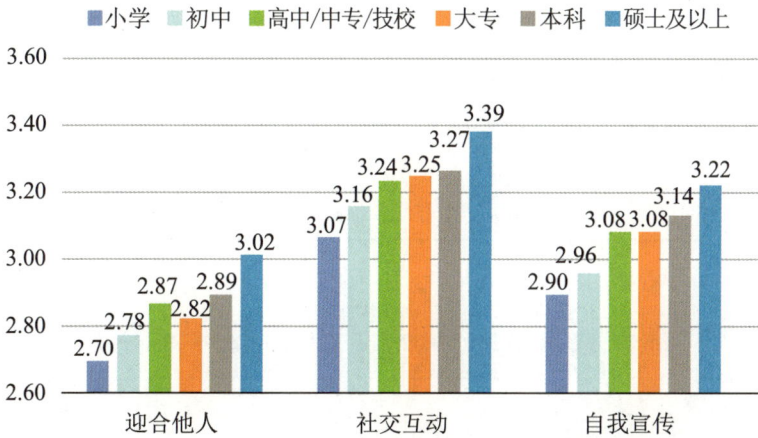

图5-7 父亲学历——网络印象管理能力维度(5分制)

母亲学历对青少年利用社交媒体迎合他人、进行社交互动和自我宣传指标均有显著影响(Sig. <0.001)。母亲学历较高的青少年3个指标的表现更好(见表5-12、图5-8)。

表 5-12　母亲学历——网络印象管理能力维度差异检验

指标	母亲学历	N	Mean	SD	F	Sig.	偏 η^2
迎合他人	小学	1228	2.68	0.859	14.559	0.000	0.009
	初中	2608	2.78	0.896			
	高中/中专/技校	2175	2.90	0.927			
	大专	1244	2.83	0.921			
	本科	1488	2.90	0.976			
	硕士及以上	263	3.13	1.081			
社交互动	小学	1228	3.07	0.783	14.826	0.000	0.010
	初中	2608	3.17	0.825			
	高中/中专/技校	2175	3.27	0.845			
	大专	1244	3.23	0.878			
	本科	1488	3.29	0.896			
	硕士及以上	263	3.44	1.012			
自我宣传	小学	1228	2.89	0.862	16.576	0.000	0.011
	初中	2608	2.97	0.908			
	高中/中专/技校	2175	3.10	0.923			
	大专	1244	3.11	0.952			
	本科	1488	3.15	0.980			
	硕士及以上	263	3.24	1.090			

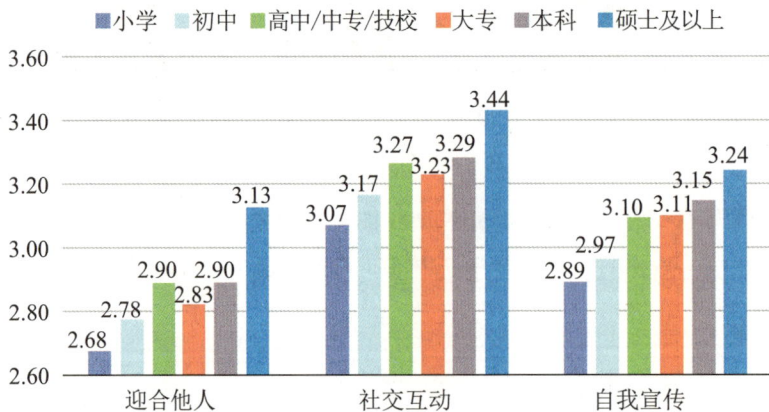

图 5-8　母亲学历——网络印象管理能力维度(5 分制)

　　家庭收入水平对青少年利用社交媒体迎合他人、进行社交互动和自我宣传指标均有显著影响(Sig. <0.001)。家庭收入水平越高的青少年在 3 个指标表现越好(见表 5-13、图 5-9)。

表 5-13　家庭收入水平——网络印象管理能力维度差异检验

指标	家庭收入水平	N	Mean	SD	F	Sig.	偏 η^2
迎合他人	低收入水平	594	2.73	0.947	17.996	0.000	0.008
	中等偏下收入水平	1612	2.76	0.888			
	中等收入水平	5126	2.82	0.891			
	中等偏上收入水平	1584	2.91	1.009			
	高收入水平	209	3.25	1.134			
社交互动	低收入水平	594	3.05	0.863	24.843	0.000	0.011
	中等偏下收入水平	1612	3.12	0.815			
	中等水平	5126	3.21	0.822			
	中等偏上	1584	3.33	0.932			
	高收入水平	209	3.55	1.056			
自我宣传	低收入水平	594	2.87	0.942	29.714	0.000	0.013
	中等偏下收入水平	1612	2.93	0.895			
	中等收入水平	5126	3.04	0.913			
	中等偏上收入水平	1584	3.19	0.982			
	高收入水平	209	3.41	1.105			

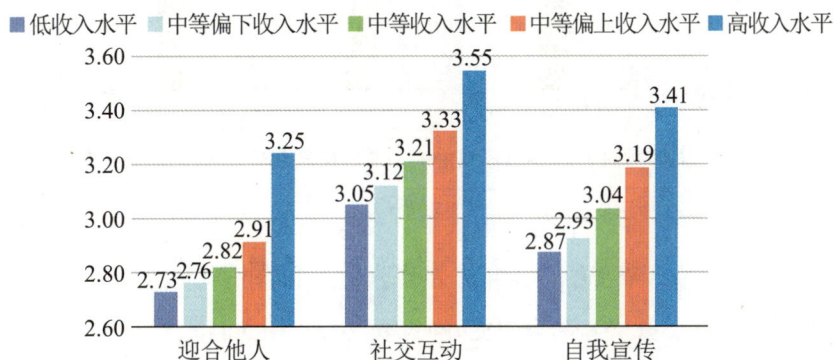

图 5-9　家庭收入水平——网络印象管理能力维度(5 分制)

与父母讨论网络内容的频率对青少年迎合他人、社交互动和自我宣传指标均有显著影响(Sig. <0.001)。与父母讨论网络内容越频繁的青少年，3 个指标表现越好(见表 5-14、图 5-10)。

表 5-14　与父母讨论网络内容频率——网络印象管理能力维度差异检验

指标	与父母讨论网络内容频率	N	Mean	SD	F	Sig.	偏 η^2
迎合他人	几乎不	1600	2.69	0.965	49.420	0.000	0.011
	有时	5591	2.81	0.868			
	经常	1934	2.99	1.024			
社交互动	几乎不	1600	3.04	0.879	94.830	0.000	0.020
	有时	5591	3.19	0.799			
	经常	1934	3.42	0.942			
自我宣传	几乎不	1600	2.79	1.004	142.940	0.000	0.030
	有时	5591	3.02	0.872			
	经常	1934	3.31	0.981			

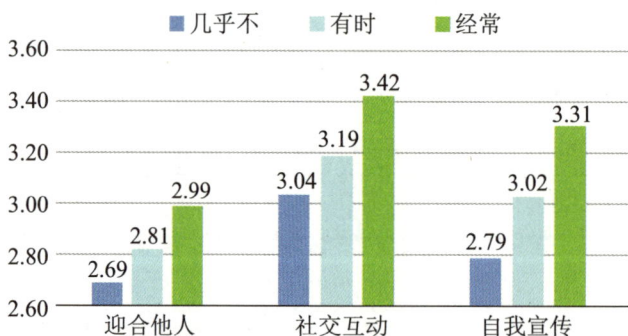

图 5-10　与父母讨论网络内容频率——网络印象管理能力维度(5 分制)

与父母亲密程度对青少年迎合他人、社交互动和自我宣传指标均有显著影响(Sig. <0.05)。与父母不亲密的青少年，在迎合他人和自我宣传方面表现更好;与父母非常亲密的青少年，社交互动表现更好(见表 5-15、图 5-11)。

表 5-15　与父母亲密程度——网络印象管理能力维度差异检验

指标	与父母亲密程度	N	Mean	SD	F	Sig.	偏 η^2
迎合他人	不亲密	218	3.08	1.126	9.407	0.000	0.002
	一般	3458	2.84	0.857			
	非常亲密	5449	2.81	0.956			
社交互动	不亲密	218	3.23	1.108	12.001	0.000	0.003
	一般	3458	3.15	0.779			
	非常亲密	5449	3.25	0.885			
自我宣传	不亲密	218	3.14	1.183	4.141	0.016	0.001
	一般	3458	3.01	0.880			
	非常亲密	5449	3.06	0.956			

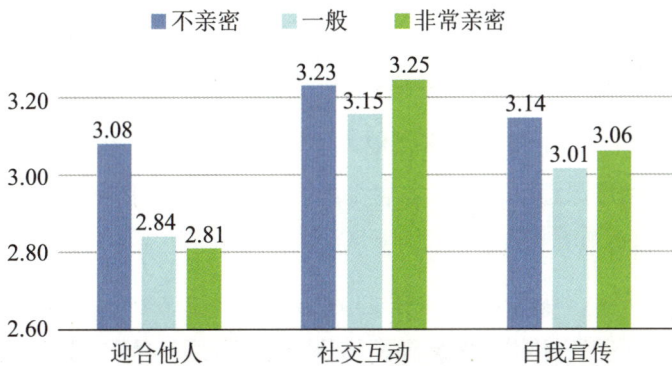

图 5-11　与父母亲密程度——网络印象管理能力维度(5 分制)

3. 学校属性影响因素分析

学校是否开设网络课程对青少年利用社交媒体迎合他人、进行社交互动和自我宣传指标均有显著影响(Sig. <0.05)。学校开设了相关课程的青少年，3 个指标表现明显更好(见表 5-16、图 5-12)。

表 5-16　学校是否开设网络课程——网络印象管理能力维度差异检验

指标	学校是否开设网络课程	N	Mean	SD	F	Sig.	偏 η^2
迎合他人	是	7661	2.84	0.924	5.347	0.021	0.001
	否	1464	2.78	0.933			

续表

指标	学校是否开设网络课程	N	Mean	SD	F	Sig.	偏 η^2
社交互动	是	7661	3.23	0.851	23.455	0.000	0.003
	否	1464	3.11	0.865			
自我宣传	是	7661	3.05	0.929	5.370	0.021	0.001
	否	1464	2.99	0.964			

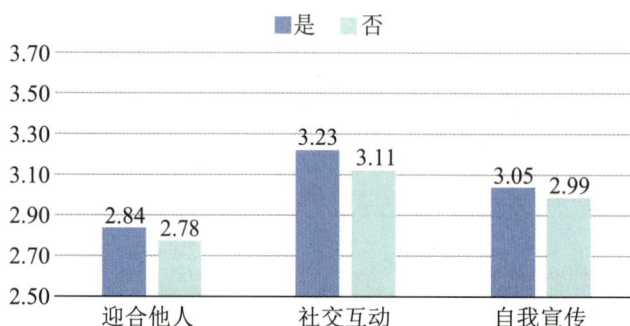

图 5-12　学校是否开设网络课程——网络印象管理能力维度(5 分制)

　　网络课程收获程度对青少年迎合他人、社交互动和自我宣传指标均有显著影响(Sig. <0.05)。网络课程收获很大的青少年社交互动和自我宣传表现更好,几乎没有收获的青少年迎合他人表现更好(见表 5-17、图 5-13)。

表 5-17　网络课程收获程度——网络印象管理能力维度差异检验

指标	网络课程收获程度	N	Mean	SD	F	Sig.	偏 η^2
迎合他人	几乎没有收获	317	2.92	1.016	3.653	0.026	0.001
	有些收获	3921	2.81	0.831			
	收获很大	3423	2.86	1.011			
社交互动	几乎没有收获	317	3.13	0.992	50.955	0.000	0.013
	有些收获	3921	3.14	0.764			
	收获很大	3423	3.34	0.916			
自我宣传	几乎没有收获	317	3.03	1.054	17.342	0.000	0.005
	有些收获	3921	2.99	0.864			
	收获很大	3423	3.12	0.982			

　　与同学讨论网络内容频率对青少年迎合他人、社交互动和自我宣传指标均有显著影响(Sig. <0.001)。与同学讨论网络内容越频繁的青少年,3 个指标表现越好(见表

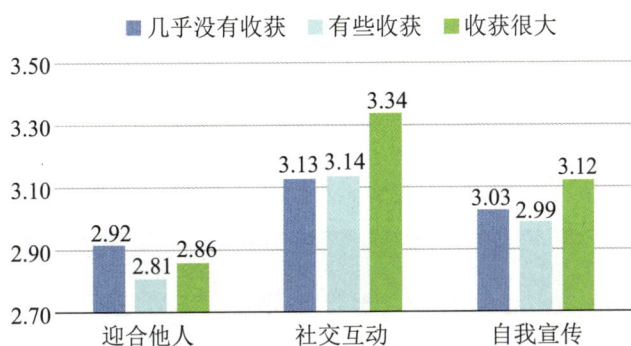

图 5-13　网络课程收获程度——网络印象管理能力维度(5 分制)

5-18、图 5-14)。

表 5-18　与同学讨论网络内容频率——网络印象管理能力维度差异检验

指标	与同学讨论网络内容频率	N	Mean	SD	F	Sig.	偏 η^2
迎合他人	几乎不	451	2.41	1.002	190.826	0.000	0.040
	有时	4554	2.70	0.835			
	经常	4120	3.02	0.970			
社交互动	几乎不	451	2.75	0.970	243.138	0.000	0.051
	有时	4554	3.08	0.763			
	经常	4120	3.41	0.887			
自我宣传	几乎不	451	2.48	1.015	277.986	0.000	0.057
	有时	4554	2.89	0.854			
	经常	4120	3.27	0.952			

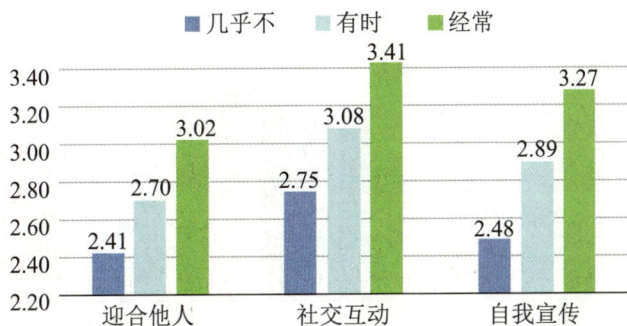

图 5-14　与同学讨论网络内容频率——网络印象管理能力维度(5 分制)

上课使用手机频率对青少年迎合他人、社交互动和自我宣传3个指标均有显著影响（Sig. <0.001）。上课经常使用手机的青少年3个指标表现都更好（见表5-19、图5-15）。

表5-19　上课使用手机频率——网络印象管理能力维度差异检验

指标	上课使用手机频率	N	Mean	SD	F	Sig.	偏 η^2
迎合他人	从未使用	6993	2.80	0.911	19.586	0.000	0.006
	不经常使用	742	2.84	0.911			
	有时候使用	913	2.86	0.909			
	经常使用	477	3.13	1.119			
社交互动	从未使用	6993	3.20	0.843	8.697	0.000	0.003
	不经常使用	742	3.17	0.836			
	有时候使用	913	3.27	0.848			
	经常使用	477	3.38	1.018			
自我宣传	从未使用	6993	3.02	0.927	14.005	0.000	0.005
	不经常使用	742	3.04	0.914			
	有时候使用	913	3.06	0.907			
	经常使用	477	3.31	1.079			

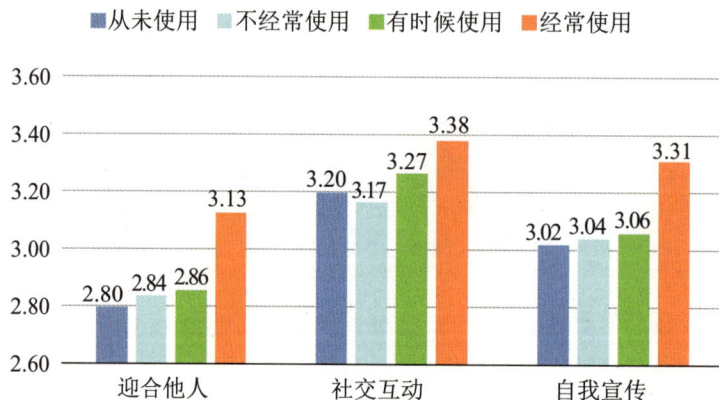

图5-15　上课使用手机频率——网络印象管理能力维度(5分制)

不同性别的青少年的网络印象管理能力各维度表现水平无明显差异。父母干预上网活动的频率、学校有无移动设备管理规定对青少年网络印象管理能力各项指标无显著影响。

三、改善网络印象管理能力的有效策略

(一)掌握分寸，坚持适度原则

社交媒体的快速发展，让印象管理的舞台由线下扩展至线上，在网络社交媒体平台进行自我表达、与好友互动交流已成为人们社会交往的重要组成部分。随着不同社交媒体的迭代升级，用户使用年限的增加，基于熟人或网友关系的网络社交圈不断扩大，个体在网络中承担的角色期待越来越多，网络印象管理的复杂性也不断提升。现实生活中交往频率、亲密程度存在显著差异的好友共同构成了个人网络印象管理的"观众"，不同的角色期待之间可能会存在一定的角色冲突。[①] 同时，随着各种程式化的无效社交、爆炸式的同质化信息以及社交媒体平台不断迭代的新功能的发展，个体对社交媒体平台管理网络印象也出现了感知过载和倦怠逃离的现象。

坚持适度原则，需要避免信息过载，剥离同质化内容。无论是以强关系为主还是以弱关系为主的社交媒体平台，"趣缘""亲缘""地缘"依然是不可或缺的连接纽带，基于相同关注点进行的网络印象管理，方式方法及发布内容存在着同质化倾向。与此同时，来自网络印象管理的压力也使得社交媒体平台中充斥着相同的"表演"。在网络社交和网络印象管理不可或缺的情况下，社会个体需结合个人实际情况，遵循适度原则，关注个人发布内容的数量和质量，提升个人网络使用技能，不跟风盲从，不以同质化内容高频率刷屏，使得"观众"产生信息过载感。当下社交媒体软件层出不穷，许多已成为市场主流、手机必备。熟练使用文字、图片、音频、视频等多种方式在网上创造和发布消息，如发布朋友圈、微博、短视频等成为用户网络印象管理的必备条件。无论是利用即时通信软件等与好友进行线上沟通交流，还是在朋友圈、QQ 空间、微博等平台分享生活，都是塑造、维持、改善个人网络印象的重要途径，选择或创作

---

① 陈素白，项倩：《自我表露动机与角色压力视角下的朋友圈隐私管理机制研究》，载《新闻大学》，2022(12)。

合适的、符合平台传播特点、体现其个人特质的内容十分必要。

(二)建立边界，注重隐私保护

随着线上线下生活不断交融，人与人之间的距离和联系在社交媒体平台逐渐缩小，个人网络印象管理也面临双重考验。在信息爆炸导致的信息过载状态下，个体进行网络印象管理时，无论是在文字表达、图片选择还是视频制作上都需要更慎重的匹配和使用，稍有不慎产生违和也将会冲击个体现实生活的人际关系。线下及线上关系的双重夹击，用户难以在自身多样化的角色中找到平衡，好的社交披露会丰富自身呈现，但如果二者发生冲撞，会使得现实生活中自身人设被毁。① 多个圈层的混杂造成了语境消解，引发隐私边界模糊和泄露、用户自我意识混乱等问题。②

每个个体在网络社交平台进行网络印象管理时，既是"演员"，又是"观众"。在进行自我网络印象管理时，要注重加强隐私保护，避免过多个人信息暴露在网络空间。随着大数据等技术的应用，个体在网络空间发布的照片、文字内容等，均能成为个人隐私泄露的线索，可能为自己和身边的人带来不必要的麻烦。尤其是未成年人，极易在网络社交媒体平台暴露自己的学校、年龄、家庭住址、爱好及日常的生活习惯等。在进行网络印象管理时，需同时提升自我保护意识，筛选发布内容，保护个人隐私。同时，作为他人网络印象管理的"观众"，学会尊重也是必修课。个体如何进行网络印象管理是个人的权利，图片或视频的美化、遣词造句的水准均为个人自由意愿的表达，"观众"会有不同的个人感受，但不可在网络空间肆意发表伤害他人的言论及相关内容。如何对待他人，也是个人形象塑造的重要组成部分。建立起"观众"与"演员"的边界，保护自己、不伤害他人，是做好网络印象管理的基本要求。

(三)坚定自信，做好向内关注和管理

在现代社会，个人身份认同从单一走向多元，建构自我、认识自我、悦纳自我的过程中总是不断动态变化的。传媒的发展、科技的进步为个人主体性的建构提供了多种可能。网络社交媒体平台中，角色的多元和虚拟的时空让人们可以体验感知不同的

---

① 王一婷：《从朋友圈到微信状态：青年群体社交媒体倦怠下"轻表达"的兴起与自我呈现变化》，载《新媒体研究》，2022(19)。
② 洪杰文，段梦蓉：《朋友圈泛化下的社交媒体倦怠和网络社交自我》，载《现代传播(中国传媒大学学报)》，2020(02)。

生活状态，在不同的网络社交状态和印象管理过程中建构自我，正如学者所说，"现代人可以在虚化时空关系中无限重构自我，通过另类的方式实现自我认同"①。但同时也要意识到，信息的爆炸式涌现、便捷飞速的网络社交模式、层出不穷的新事物新理念以及经验的碎片化，也让统一性的自我认知变得更为困难，"一个人有多少个社会自我，这取决于他关心多少个不同群体的看法。通常，面对每个不同的群体，他都会表现出自我中某个特殊的方面"②。这也意味着，在网络中建构形象并进行网络印象管理面临着自我认知方面的挑战和困难。

在网络空间，"观众"即社会群体的关注和认同仍然潜移默化而深刻地影响着个体行为，部分个体甚至为了迎合他人，对网络空间的自我进行解构。做好网络印象管理，并非重新塑造一个他者眼中完美无缺的"网络我"，而是以他人为镜更好地认识、观察自我，坚定自信，将目光聚焦个体发展、自我提升。线上空间为塑造"理想自我"创造了条件，个体可尽情彰显理想中的自我形象，但随着网络空间与现实生活交织得愈发紧密，个体更应在"真实我"和"网络我"中找寻平衡，避免他者凝视，不依托矫饰形象、过度美化等手段管理网络形象，不被虚拟环境欺骗，立足于现实，将网络空间的理想自我对应到现实主体中的真实自我，实现对自我认同的同一性。

(四) 保持开放，多与家人、朋友沟通交流

父母对孩子的影响是润物细无声的，父母作为孩子的第一任老师，也是在生活中对中学生影响较大、共同生活时间较长的人，其一言一行、对网络问题的理解认识会对中学生产生影响。在孩子心智发育尚不成熟时，面对复杂的网络环境，难免会存在许多问题与疑惑，在人际交往、形象塑造方面需要父母的指导和教育。家长在日常生活中可以利用碎片时间多与孩子沟通交流，将网络内容纳入日常讨论话题之中。与孩子讨论新闻时事，可以帮助孩子分辨网络信息的真伪，不断塑造孩子正确的价值观。同时，家长能够及时了解孩子的思想动态，以避免孩子在网络平台发布不当言论。家长也可以多多关注孩子在网络平台发布的内容，主动了解孩子喜欢、感兴趣的内容，讨论分享自己和孩子在网络平台发布的动态，从而对孩子的网络印象管理行为给出指导与教育，在潜移默化间引导孩子正确利用网络分享生活、树立正面形象等。比如，

---

① 杨向荣：《新媒介时代的文化镜像及其反思》，载《山东社会科学》，2020(12)。
② ［美］欧文·戈夫曼：《日常生活中的自我呈现》，冯刚译，39 页，北京，北京大学出版社，2008。

当孩子在自身被误会或者伤害到朋友时，他们碍于面子并不愿主动发声，父母可鼓励孩子利用网络平台主动为自己澄清，或向朋友道歉。孩子身心发育不成熟，在面对一些难以解决的问题时，父母除了尊重孩子自身想法、态度之外，还可以给出直接明确的建议，与孩子共同解决问题。孩子处于青春期，自我的独立发展意识不断增强，会注重个人空间的保护，但同时由于身心发育不成熟，可能出现一些不当行为，需要父母的关注与提醒。父母需要关注孩子的上网活动，既不能全盘干预，引发孩子的叛逆心理，也不能放任不管，毫不关心，父母在需要、必要的时候给予孩子相关建议。家长既要尊重孩子对自己网络空间形象的打造，鼓励发挥孩子的主观能动性，又要承担起"保险杠"的作用，防止孩子的网络不当言行，避免损害其自身形象。

不同于孩子与父母之间的讨论交流，他们朋辈之间的讨论更贴合其心理特点，也更有共同话题。处于青春期的孩子有自己的心理世界，思考、行为方式都与父母、老师等存在差异，当面对一些问题和疑惑时，往往不愿与父母、老师交流，而同学之间相对更有话题。孩子与同学在生活中相处时间长，同龄人之间的沟通交流更能彼此理解，同时也可能是网络平台上的好友，是孩子在网络上发布内容的主要观看者、分享者，日常生活中加强沟通交流更便于中学生了解对方、认识自我，不断加深对彼此的认识。同学之间彼此沟通交流，能使其清楚彼此更愿意、更喜欢在网络上看到的内容风格和发布方式，从而调整自己在网络上发布内容的方式和策略，进而更好地维护自己的网络形象。通过日常对网络信息的讨论，孩子们可以更好地了解彼此喜好、风格甚至当下的流行用语等。与同学之间交流沟通网络相关内容，更能理解彼此观点，同时也能从对方身上了解更多知识和新鲜想法，从而方便在网络平台更好地互动。同学群体作为孩子线上线下重要的同伴，打通线上线下的交流，能够更好地维系彼此间的关系，管理好自己给同学的网络印象。同时，与同学之间的交流能够帮助孩子不断开阔眼界，加深了解，获取群体认同。

（五）融入教学，充分发挥育人主阵地作用

根据统计，90%的学校都已开设网络信息技术素养类课程，但课程本身的开设与否并未能直接影响青少年的网络印象管理能力。学校目前的网络信息技术课程主要教授计算机原理和基本操作方面的一些内容，并未直接涉及网络印象管理相关的知识。事实上，学校开设网络素养相关课程，对上课效果较好、收获较多的青少年来说有一定的实际帮助和提升意义。青少年主观的努力和收获感知不能代替学校在课程设计和安排中的巧思，如何让大多数青少年在课堂中有更多收获是学校和老师努力的方向，将做好网络印象管理与青少年认识自我、自尊自信教育结合起来，融入日常课堂，让青少年在学校的课堂上、生活里学会正确做好网络印象管理。

目前有部分教师认为，网络印象管理的相关内容并不需要在学校、课堂中教授，完全可以由学生自行学习。事实上，网络印象管理并不仅仅是教会学生如何使用网络平台，而是需要帮助青少年正确认识自我、树立在网络世界保护、维持、完善个人形象的意识，教师树立青少年网络印象管理的正确认识也十分必要。诚实(或同情、尊重、责任和勇气)不论是在现实社会，还是网络空间，都是我们必须遵守的原则，是数字时代数字公民的基本要求。未成年人触网年龄不断降低，教师需不断提升自身网络素养，才能更好地帮助青少年应对在网络空间遇到的问题和挑战。教师也只有了解网络印象管理、做好网络印象管理，才能真正融入学生、融入青少年的网络社交圈，理解青少年所思所想，更好地提供引导和帮助。

第六章　网络安全与隐私保护

网络开启了一个全新的缤纷世界，让我们能够"足不出户，尽览天下风云"。在这个拥有浩瀚资源的虚拟空间里，我们可以学到很多书本上没有的知识，体验很多超越现实生活的精彩世界，但与之伴生的网络安全威胁也不容忽视。随着人工智能技术的广泛应用，大量的公民个人信息、政府数据等敏感信息可能面临泄露的风险。网络上存在哪些被我们忽视的安全问题？面对个人隐私泄露、被篡改或被非法利用该怎么办？对于学习、工作、生活都与网络紧密联结的广大网民来说，提升自身的网络安全意识，增强网络安全防御能力刻不容缓。

一、网络安全与隐私保护的概念

(一) 网络安全

网络安全源于互联网空间的自身特性，是虚拟世界的技术化扩张对政治、经济、文化和社会各个领域结构性渗透的结果。[1] 1999 年美国发布的《国家安全战略报告》中首次提出网络安全，之后这一概念开始在世界范围之内逐步扩散。网络安全就是作为信息存在和流动载体的计算机、服务器、网线及其他物理设施的安全[2]，通常指计算机通信网络安全或网络信息安全。网络安全是一个相对宽泛的概念，在宏观、中观与微观层面各有其指涉，包含网络信息安全、网络系统安全、网络文化安全、网络环境

---

[1]　卢家银：《新时代中国青年的网络安全感研究》，载《中国青年研究》，2018(05)。
[2]　刘跃进：《信息安全、网络安全、国家安全之间的概念关系与构成关系》，载《保密科学技术》，2014(05)。

安全与网络使用安全等多个维度，具备保密性、完整性、可用性、可控性和不可抵赖性等安全的一般特点。

在国家层面，2014 年两会期间，网络安全被正式列入政府工作报告，维护网络安全成为关乎国家安全和发展的重大战略问题。2020 年 10 月，党的十九届五中全会通过的《中共中央关于制定国民经济和社会发展第十四个五年规划和二〇三五年远景目标的建议》中提出要"全面加强网络安全保障体系和能力建设"。2020 年 11 月，习近平总书记向世界互联网大会·互联网发展论坛致贺信中指出要"打造网络安全新格局，构建网络空间命运共同体，携手创造人类更加美好的未来"。

在企业层面，信息网络安全主要指信息网络系统的安全策略、安全功能以及系统安全开发、管理、检测、维护以及安全测评等方面的一个综合体，具有完整性、可靠性、机密性、可控性、可用性五个基本特征。[①]

在个人层面，计算机网络安全是指在一个网络环境中，计算机网络信息传输及保存的保密性、完整性，信源可信性及对信息发送者的监督性，信息发送者对发送过的信息或完成的某种操作是承认的。[②] 彭永峥认为，网络安全所涉及的不应仅是软、硬件的可用性和系统的完整性这些技术方面的内容，还应该包括个人在利用网络这一工具的过程中，用户的一切权益都受到保护不被威胁和伤害，强调个人在利用网络的过程中因为个人行为带来的网络风险，以及对相应的网络风险的认知和判断能力。[③] 张靖则从网络信息安全角度出发，认为信息安全与网络安全的定义界限逐渐模糊，"网络信息安全"的提法在学界越来越多，从某种程度上讲："网络信息安全"就是信息安全。[④]

当下，由于网络环境的复杂性和信息技术的飞速发展，广大网民所面临的网络安全风险也在不断变化。田言笑、施青松认为，在大数据时代，网络安全风险主要包括网络系统漏洞风险、信息内容风险、人为操作风险、网络黑客攻击风险、网络病毒感染风险与网络管理风险。[⑤] 旷晖结合 5G 通信时代特点，将计算机网络信息安全风险

---

① 王东：《企业网络安全方案的设计与实现的研究》，硕士学位论文，天津大学，2014。
② 王国才，施荣华：《计算机通信网络安全》，6 页，北京，中国铁道出版社，2016。
③ 彭永峥：《国内大学生网络安全认知现状与提升》，硕士学位论文，郑州大学，2019。
④ 张靖：《网络信息安全技术》，2 页，北京，北京理工大学出版社，2020。
⑤ 田言笑，施青松：《试谈大数据时代的计算机网络安全及防范措施》，载《电脑编程技巧与维护》，2016(10)。

划分为通信安全风险、数据安全风险、隐私安全风险与终端安全风险四部分。[1]《2021年全国未成年人互联网使用情况研究报告》指出，相较之前网络安全环境已经在持续改善，但新的风险隐患也不容忽视，网上诈骗、个人信息泄露等网络安全陷阱也在"与时俱进"，智能手表、智能台灯、智能音箱、词典笔等新型上网设备也存在信息安全风险等。《2021年全国网民网络安全感满意度调查总报告》反映，2021年网民对侵犯个人信息、违法有害信息、网络诈骗更关注，且认为目前数据安全保护方面存在的问题较多。由于复杂的网络环境与数据风险，个人信息面临可能被收集、使用、买卖，并造成个人财产利益和精神利益损失的风险，隐私安全已经成为网民面临的重要网络安全问题。

网络安全问题的存在是多重因素作用的结果，其中包括恶意攻击，一种人为的、有目的的破坏，如采用篡改、恶意程序和拒绝服务等手段或以获取对方信息为目标，通常在对方不知情的情况下窃取对方机密信息。软件漏洞分为有意制造漏洞和无意制造漏洞。有意制造漏洞指系统设计者为日后控制系统或窃取信息而故意设计的漏洞；无意制造漏洞指系统设计者由于疏忽或其他技术原因而留下的漏洞。网络拓扑结构同样存在安全缺陷。拓扑结构决定了网络的布局和连接方式，同时在很大程度上决定了与之匹配的访问控制和信息传输方式。但有些拓扑结构具有先天的不安全性和不可靠性，以及安全缺陷，具体表现为用户误操作、网络规模膨胀、新技术导致的安全风险等。

(二) 网络隐私

"隐私"这一概念的产生是相对于"公共"而言的，人类社会是每个公民让渡权利而组成的复杂共同体。人是自然个体，也是社会群体的一员，所以人类既有公共空间，也存在私人领域，"隐私"概念的出现正是为了区分二者。随着网络时代的到来，虚拟世界开放、共享等特性呈现了与现实世界完全不同的特点，网络发展对信息流动、利用的高需求给传统隐私权保护提出了新的挑战。在传统社会，公与私的界限比较明确，但是在网络世界，网络环境下的隐私已经包含公共领域的数据信息，网络作为开放、共享空间，使得私人领域的信息随时可以转变为众所周知的公有信息，公与私的界限不再是传统意义上的互不侵犯。

20世纪末，为保障用户与服务商双方的利益，欧盟曾出台《互联网上个人隐私权

---

[1] 旷晖：《5G通信时代计算机网络信息安全问题探究》，载《电脑与电信》，2020(08)。

保护的一般原则》。2016 年《欧盟基本权利宪章》为个人数据赋予受保护权利，并将其与"隐私权"区分开来。在面对处理个人数据的行为时，需要首先使用隐私权界定被使用的个人数据之于个体人格的价值，进而进行私域、公域和第三人行为自由的界限判定，最终进行个人保护。1998 年美国发布《儿童在线隐私保护法案》，2000 年 4 月进行条款补充，其保护对象是立法权益保护中的少数派——年龄在 12 岁以下的儿童。法案对涉及 12 岁以下儿童信息的商业网站进行约束，约束对象主要为：面向儿童的网站、一般网站中的儿童部分，要求他们在收集、使用儿童个人基本信息、通信信息时，应公开声明并取得监护人同意。

门户网站大量出现后，学者对于隐私的探讨具体为网络隐私。刘毅在对网络舆情的研究中从权利的角度对网络隐私进行了阐释，他认为网络隐私是公民在网络空间内享有的一种人格权，大众具有"不被非法侵犯、窥探、收集、公开和利用"个人信息的权利。[1] 2007 年前后，国内外学者对于网络隐私（在线隐私）的研究从定义式的概述向实践应用转变。本着自由平等、打破隔阂、快捷连接、资源共享、拓展空间设定的社交媒体，在蓬勃发展的过程中除了演变成为沟通工具，也为人肉搜索、信息售卖、隐形监测等恶性行为提供了同样的技术服务。一系列模糊了公域与私域连接的 APP 的出现，使得网络隐私的界限需要被重新界定。

目前学术界主要从伦理学、法学、大众隐私文化、网络技术安全等角度对网络隐私进行探讨。梅绍祖将隐私与个人数据、个人信息进行对比，提出隐私由个人数据、活动和领域所组成。个人网络信息包含个人数据、衍生数据和线上活动及空间等方面的信息资料，线上活动资料即是指被数字化存储在数据库中的个人线上空间活动痕迹。[2] 经过分析处理，可以轻而易举获得的客户浏览偏好、现实情况、消费水平甚至心理活动等内容对商家来说是可以产生无限红利的个人信息。从法学角度，冉妮莉将网络隐私权的客体涵盖为标识个体基本情况的数据；生活、工作、社会关系等数据以及与网络有关的个人数据，并将青少年网络隐私权的内容归纳为青少年个人数据保密权，包含身份及通信信息；青少年个人数据安全权，包含个人计算机贮存资料等；青少年个人数据的控制、利用权；青少年网络隐私维护权，即在遭到隐私侵犯时求助司法等的权利。

为了更具体全面地把握隐私的内涵与外延，学者对隐私进行更精准的划分。蔡培

---

① 刘毅：《网络舆情研究概论》，天津，天津人民出版社，2006。
② 梅绍祖：《个人信息保护的基础性问题研究》，载《苏州大学学报》，2005(02)。

如将隐私划分为 3 个层次：私密空间；私人事务/私密信息；个人信息。① Banisar 将个人隐私信息概括为 4 种类型：身份信息隐私，包括身份证号码、护照信息、医疗账号、银行账户等；通信隐私，包含与他人进行沟通交流的所有形式的内容，如短信、邮件、通话等；空间隐私，即个人位置信息，同时包含家庭及工作地址以及个人的高频活动场所；身体信息，包括体貌特征等。② 马晓君则将互联网用户的隐私信息分为 3 类：个人基本的身份信息（姓名、年龄、地址、联系方式等），个人的衍生信息（偏好、优势、价值观等），个人的社交信息（联系人、朋友圈等）。③ 余姣沿用了 Hollande 关于"隐私是一种状态"的论述，将隐私分为两种情况，一是在以家庭为单元自然形成的私人领域内发生，与公共领域无关的秘密；二是法律及公序良俗语境所定义的私密内容，其发生场景可能涉及所有空间。④ 余姣所论述的第二种状态正合乎大数据时代线上空间中网民无处不在、无处不有的数据足迹。

综上，并非个体在网络空间内产生的所有信息均属于隐私范畴。网络隐私首先以依法保障线上线下空间内公民信息安全及生活安宁为基础，以非公共、非主动自愿、非危害为前提，即个人没有主动公开，且不危害个人及公共空间的各项事宜均属于隐私范畴。具体而言，网络隐私主要包含 3 个方面：个人信息——证件信息、体型特征、财产状况、联系方式等与现实空间紧密相连的具有可识别性的内容；个人活动——网络空间内的浏览足迹、使用记录、偏好设定等用户未授权于平台进行二次使用的数据痕迹；个人空间——个人享有使用权或所有权的现实及虚拟空间，如住所、手机以及网盘、邮箱、朋友圈等信息的存储器。

(三) 网络安全感知及隐私关注

早期学术界对网络安全感知的概念界定相对比较狭隘，如 Siponen 将其定义为一种教育模式，即所有网民对各种各样的网络威胁、计算机和数据漏洞保持敏感。⑤ 随后，

---

① 蔡培如：《欧盟法上的个人数据受保护权研究——兼议对我国个人信息权利构建的启示》，载《法学家》，2021(05)。

② Banisar D., Davies S., "Global Trends in Privacy Protection: An International Survey of Privacy," *Data Protection, and Surveillance Laws and Developments*, 1999, 18(01).

③ 马晓君：《面向社会网络的用户隐私分析与保护》，硕士学位论文，山东大学，2012。

④ 余姣：《大数据时代高校思想政治工作中大学生的隐私问题研究》，硕士学位论文，西南交通大学，2017。

⑤ M. T. Siponen, "A Conceptual Foundation for Organizational Information Security Awareness," *Information Management & Computer Security*, 2000, 8(01).

Shaw 等人在研究中将网络安全感知的内涵综合考量为用户理解信息安全重要性的程度、控制信息的能力、保护个人和组织信息的能力。[1] 互联网发展初期，我国学者对网络安全感知的最初认识体现为网络社会责任感，即用户作为主体在网络上进行信息内容的发布和接受负有社会责任，要自觉抵制不良信息的传播，要有"网络安全人人有责"的观念。由于网络安全风险决定了网络安全感知的实际内容，因此其内涵也随着互联网的深入发展得到扩展。当前的网络安全感知主要指遭遇网络不安全因素时所表现出来的判断、分析、应对等综合能力，体现在面对网络安全风险时"发现问题—应对难题—化解危机"的整个过程当中。[2] 具体来讲，包括对个人所处的网络或空间有一定的认知，对网络环境可能具备的危险性有一定认知，并且对网络空间中的不安全因素有一定认知。[3]

Smith 提出"信息隐私关注"的概念，即用户因可能丢失隐私信息而产生的内在担忧情绪。[4] 当下西方学者普遍认为隐私关注是用户基于个人性格特征、以往的经验等形成的隐私认知且是用户对于个人隐私威胁的一种相对稳定的心理倾向。互联网拓展了在线购物及在线社交的渠道，随后隐私关注被广泛应用到电商及社交媒体情境之中。Hanus 将用户的隐私关注概括为用户对于身处情境中其隐私状态的主观感受，具体是对违法状态下的收集、监测、输送、存储等方面的感知。[5] 总结来讲，隐私关注通常表示用户对于隐私信息披露的潜在风险的主观态度和观点。

国内隐私关注研究起步较晚，多建立在国外研究的基础之上，就特定情境针对隐私关注概念存在不同的看法。朱侯等认为社交媒体用户的隐私关注本质上是一种主观情绪感受，在线上场景中，用户对于平台的在线监测，隐私全链条的搜集、获取、传输、存储等非适度操作的看法与关注。[6] 杨嫚等研究了用户对于精准广告的隐私关注

---

[1]　R. S. Shaw, Charlie C. Chen, Albert L. Harris and Hui-Jou Huang, "The Impact of Information Richness on Information Security Awareness Training Effectiveness," *Computers & Education*, 2009, 52(01).

[2]　安静：《网络安全意识的内涵变化和应对策略》，载《人民论坛》，2018(09)。

[3]　同上。

[4]　Smith H. J., S. J. Milberg, and S. J. Burke, "Information Privacy: Measuring Individuals' Concerns about Organizational Practices," *MIS Quarterly*, 1996, 6(01).

[5]　Hanus B., Wu Y., "Impact of Users' Security Awareness on Desktop Security Behavior: A Protection Motivation Theory Perspective," *Information Systems Management*, 2016, 33(01).

[6]　朱侯，张明鑫：《移动 APP 用户隐私信息设置行为影响因素及其组态效应研究》，载《情报科学》，2021(07)。

现状，发现不同年龄、学历的用户隐私关注水平不同，其中 19 岁以下和专科及以下学历的用户的隐私关注水平偏低。

在影响隐私关注因素这一问题的讨论上，Smith 指出，在对隐私关注的研究中，应当双向延伸成一条更为完整的链路，并建立了 APCO（Antecedent-Privacy Concerns-Outcomes）宏观模型，总结影响用户隐私关注的前置变量为个性、人口统计学因素（性别、年龄、学历等）、文化差异、隐私意识以及过往隐私经历。① 郭龙飞搭建了隐私关注动态影响模型，将社交网站功能纳入影响因素范畴，发现情感性社交平台、个体水平感知下的用户隐私经历和媒体宣传对用户的隐私关注有明显影响。② 蒋骁等将隐私关注的影响因素划分为个人、文化、制度与风险因素。个人因素包含性别、学历、收入状况等人口学特征，风险因素主要指用户对于网络空间的风险感知。他发现这两个维度下的因素都显著影响用户隐私关注水平。③ 申琦对大学生网络社交中自我披露意愿进行调查，发现网络使用时长和上网频率对其网络隐私关注程度存在影响。④

(四) 安全行为及隐私保护

目前，学术界对于网络隐私保护行为的普遍定义尚未形成。学者 Son 和 Kim 将其定义为互联网用户在网上活动时面对隐私侵犯威胁所采取的一系列行为反应。⑤

Jochen Wirtz 在对消费者网络隐私行为的探究中，根据隐私保护方式不同将其分为保护、抑制、伪造 3 种类型。⑥ 保护，是指设置密码、提前阅读网站隐私协议等用户的主动防御行为；抑制，是指拒绝提供个人信息及停止使用等被动保护行为；伪造，是指提供虚假或不完整信息来隐藏真实身份的行为。三者中，抑制及伪造被视为消极的隐私保护方式，长此以往将不利于媒介环境的健康发展。Kim 等在对用户感知

---

① H. Jeff Smith, Tamara Dinev and Heng Xu, "Information Privacy Research: An Interdisciplinary Review," *MIS Quarterly*, 2011, 35(04).

② 郭龙飞:《社交网络用户隐私关注动态影响因素及行为规律研究》，硕士学位论文，北京邮电大学，2014。

③ 蒋骁，季绍波:《网络隐私关注与行为意向影响因素的概念模型》，载《科技与管理》，2009(037)。

④ 申琦:《自我表露与社交网络隐私保护行为研究——以上海市大学生的微信移动社交应用(APP)为例》，载《新闻与传播研究》，2015(04)。

⑤ Son J. Y., Kim S. S., "Internet Users Information Privacy-protective Responses: A Taxonomy and A Nomological Model," *MIS Quarterly*, 2008, 32(03).

⑥ Jochen Wirtz, May O. Lwin & Jerome D. Williams., "Causes and Consequences of Consumer Online Privacy Concern," *International Journal of Service Industry Management*, 2007, 18(04).

到公司信息实践将导致隐私信息威胁后产生的行为反应（IPPR）进行探究时，将 IPPR 首先概括为：信息提供、私人行动和公共行动，即当用户发现个人信息存在隐私泄露威胁时，会从信息提供、自行行动、求助公共 3 个方面采取行动。[①] 信息提供指感知威胁后用户会拒绝披露个人信息或提供虚假信息。私人行动指用户拒绝使用该公司服务以及通过社交关系传递负面口碑等个人行为。公共行动指用户直接利用公司本身的投诉渠道或向一些监管部门、第三方组织机构反馈及维权。

　　在对隐私保护行为影响因素的探究中，Chen 发现过往隐私经历、对政府部门的监管以及媒体报道中的宣传导向感知是用户隐私保护行为的显著影响因素。[②] 一般情况下用户会对平台的隐私信息搜集环境、搜集结果进行感知和评估，继而决定是否进行隐私披露或隐私保护。Culnan 发现，当用户认为隐私信息搜集方对于个人信息的处理存在程序公平时，其隐私保护倾向将减弱，表现为愿意提供真实信息并允许被使用，即感知公平。[③] 此后，学者们又选取了不同的群体作为研究对象来深入对隐私保护行为影响因素进行探究。雷丽莉对短视频用户的隐私保护情况进行调查时发现，性别、文化程度、短视频使用时长对用户的隐私认知、隐私态度及隐私行为均存在显著影响，其中男性、文化水平更高、短视频账号活跃度越低的用户对于隐私的认知程度更高、对隐私的边界管理及风险感知能力越强。相薹薹则以电子商务消费者为调查对象，探究出披露的信息环境与技术、感知收益和隐私披露信任与消费者隐私信息披露意图之间的正向相关关系，而感知披露风险将会降低其披露意图。[④] 谢刚、李文鹏通过调查研究发现，用户对于网络隐私重要性认知程度和风险感知程度均会正向作用于用户的保护意识和保护行为。[⑤] 高锡荣等在探究网络隐私保护行为模型时发现，用户对于组织公平性的判定有效影响其隐私保护意识和保护行为，即"感知公平"越弱，隐

　　① Son J. Y. , Kim S. S. , "Internet Users Information Privacy-protective Responses: A Taxonomy and A Nomological Model," *MIS Quarterly*, 2008, 32(03).

　　② Chen H. , Beaudoin C. E. , Hong T. , "Securing Online Privacy: An Empirical Test on Internet Scam Victimization, Online Privacy Concerns, and Privacy Protection Behaviors," *Computers in Human Behavior*, 2017, 70.

　　③ Culnan M. J. , Armstrong P. K. , "Information Privacy Concerns, Procedural Fairness, and Impersonal Trust: An Empirical Investigation," *Organization Science*, 1999, 10(01).

　　④ 相薹薹：《移动电子商务消费者隐私信息披露行为及风险研究》，硕士学位论文，吉林大学，2018。

　　⑤ 谢刚，李文鹏，崔珊珊：《网络隐私保护行为意向的影响因素研究》，载《华东经济管理》，2012(06)。

私保护意识越强。① 众多学者研究结果表明，人口统计学变量是影响用户隐私保护的有效因素，且在进行个人信息披露时，用户倾向于首先进行成本—收益评估，当获得的收益超过披露产生的风险时，将更愿意用信息换取收益。②

从青少年角度来说，Gross 等人对社交网站上的信息披露量及隐私设置情况进行调查评估时发现隐私保护行为普遍缺位。③ 青少年尤其是高中生，在社交媒体的使用中保护隐私的意识较弱，倾向于大量披露个人信息。学者使用 IUIPC 量表分析印尼青少年 Facebook 用户的隐私关注现状时，发现尽管青少年意识到使用 Facebook 可能会丢失信息，但这并不影响他们使用 Facebook 的意图，即存在隐私悖论的现象。国内学者李彤在研究中发现，儿童由于认知、保护、辨识等各方面的弱势性，其作为消费者和使用者的权利正遭受着损害。④ 在影响青少年隐私保护行为因素的探究方面，Kimberley 等使用定性研究方法对相关文献进行了梳理总结，归纳得出青少年的主观规范意识、信息安全意识和感知威胁影响用户使用 Facebook 时的隐私保护行为。⑤

二、网络安全与隐私保护能力的构成与影响因素

（一）研究框架

通过文献梳理和前测考察，我们把网络安全与隐私保护的指标划分为两个一级指标：安全感知及隐私关注、安全行为及隐私保护（见表6-1）。

---

① 高锡荣，杨康：《影响互联网用户网络隐私保护行为的因素分析》，载《情报杂志》，2011（04）。

② R. K. Chellappa, R. G. Sin, "Personalization Versus Privacy：an Empirical Examination of the Online Consumers Dilemma," *Information Technology and Management*, 2005（06）.

③ R. Gross, A. Acquisti, H. J. H. Iii, "Information Revelation and Privacy in Online Social Networks," *Acm Workshop on Privacy in the Electronic Society*, 2005, 11（07）.

④ 李彤：《儿童网络隐私权的企业人权责任研究》，硕士学位论文，中国政法大学，2021。

⑤ Read K., Van der Schyff K., "Modelling the Intended Use of Facebook Privacy Settings," *South African Journal of Information Management*, 2020, 22（01）.

表 6-1　网络安全与隐私保护能力指标体系

维度	一级指标	项数
网络安全与隐私保护能力	安全感知及隐私关注	11
	安全行为及隐私保护	7

我们构建起关于"网络安全与隐私保护"的问题量表如下。

·当平台要求获取我的个人信息时，我感到烦恼(安全感知及隐私关注)。

·当平台要求获取我的个人信息时，我会谨慎思考(安全感知及隐私关注)。

·我担心平台收集了太多我的个人信息(安全感知及隐私关注)。

·我担心提供给平台的信息可能会被别人获取(安全感知及隐私关注)。

·我有权决定平台如何收集、使用和共享我提供的隐私信息(安全感知及隐私关注)。

·我有权在获取我信息的平台上查阅和更正我的信息(安全感知及隐私关注)。

·如果我能控制平台使用我信息的方式，我就可以保护我的在线隐私(安全感知及隐私关注)。

·平台过度收集信息，对我是一种隐私侵犯(安全感知及隐私关注)。

·我认为平台应当明确告知收集、处理和使用我个人信息的方式(安全感知及隐私关注)。

·平台应当有清晰、真实的隐私条款提前告知其会如何使用我的信息(安全感知及隐私关注)。

·了解平台如何使用我的个人信息对我来说非常重要(安全感知及隐私关注)。

·我总是下载官方正版软件(安全行为及隐私保护)。

·可能存在隐私威胁时，我会拒绝使用该平台(安全行为及隐私保护)。

·账户被盗我会立刻修改密码加强防护(安全行为及隐私保护)。

·当我的在线隐私被侵犯，我会告诉身边人拒绝使用它(安全行为及隐私保护)。

·当我的在线隐私被侵犯，我会向平台反馈要求处理(安全行为及隐私保护)。

·当我的在线隐私被侵犯，我会向亲友寻求帮助(安全行为及隐私保护)。

·当我的在线隐私被侵犯，我会报警或寻求法律帮助(安全行为及隐私保护)。

(二)网络安全与隐私保护能力信效度检验

经过信度和效度检验，网络安全与隐私保护能力的克隆巴赫 Alpha 系数为 0.952，且一级指标安全感知及隐私关注、安全行为及隐私保护的克隆巴赫 Alpha 系数均大于 0.7，信度较好(见表 6-2)；巴特利特球形度检验的显著性为 0.000，小于 0.05，因而可以认为相关系数的矩阵与单位矩阵有显著性差异；KMO 的值为 0.957，大于 0.6，原有的变量具有较好的研究效度(见表 6-3)。网络安全与隐私保护能力两个主成分累积方差贡献率为 70.653%，且成分矩阵显示各指标划分维度与设定的一级指标维度相吻合，因此能较好地反映网络安全与隐私保护能力情况。

表 6-2　网络安全与隐私保护能力可靠性分析

维度	指标	克隆巴赫 Alpha 系数	项数
网络安全与隐私保护能力	总体	0.952	18
	安全感知及隐私关注	0.940	11
	安全行为及隐私保护	0.912	7

表 6-3　网络安全与隐私保护能力 KMO 取样适切性量数和巴特利特球形度检验

KMO 取样适切性量数		0.957
巴特利特球形度检验	近似卡方	127458.233
	自由度	153
	显著性	0.000

(三) 网络安全与隐私保护能力得分

在网络安全与隐私保护能力方面，青少年的行动程度高于认知程度。这说明，青少年在使用网络的过程中，能够采取行动进行自我隐私安全保护，但安全行为及隐私保护的警惕性还有待提高(见表 6-4)。

表 6-4　网络安全与隐私保护能力指标体系得分

维度	一级指标	得分(5 分制)
网络安全与隐私保护能力	安全感知及隐私关注	3.80
	安全行为及隐私保护	3.89

(四)影响青少年网络安全与隐私保护能力的因素分析

我们把影响青少年网络安全与隐私保护能力的因素(自变量)划分为个人属性、家庭属性和学校属性3种类型。

1. 个人属性影响因素分析

女生在网络安全与隐私保护能力上的表现显著优于男生;对于网络安全与隐私保护能力维度,不同性别在安全感知及隐私关注、安全行为及隐私保护指标上均有显著差异(Sig. <0.05)。女生对安全感知及隐私关注、安全行为及隐私保护的水平明显高于男生(见表6-5、图6-1)。

表6-5　性别——网络安全与隐私保护能力维度差异检验

指标	性别	N	Mean	SD	F	Sig.	偏 η^2
安全感知及隐私关注	男	4608	3.78	0.778	7.221	0.007	0.001
	女	4517	3.82	0.699			
安全行为及隐私保护	男	4608	3.87	0.801	4.986	0.026	0.001
	女	4517	3.91	0.726			

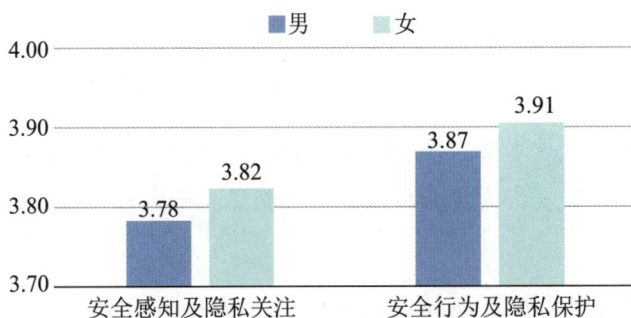

图6-1　性别——网络安全与隐私保护能力维度(5分制)

不同年级的青少年在网络安全与隐私保护能力各维度无明显差异。

成绩越好,网络安全与隐私保护能力越高;对于网络安全与隐私保护能力维度,不同成绩的青少年其安全感知及隐私关注和安全行为及隐私保护表现均有显著差异(Sig. <0.001)。成绩越好的青少年,安全感知及隐私关注、安全行为及隐私保护的表现也明显越好(见表6-6、图6-2)。

表 6-6　成绩——网络安全与隐私保护能力维度差异检验

指标	成绩	N	Mean	SD	F	Sig.	偏 η^2
安全感知及 隐私关注	下游	1435	3.71	0.824	68.604	0.000	0.015
	中等	5315	3.76	0.713			
	优秀	2375	3.95	0.727			
安全行为及 隐私保护	下游	1435	3.77	0.839	49.506	0.000	0.011
	中等	5315	3.86	0.740			
	优秀	2375	4.01	0.758			

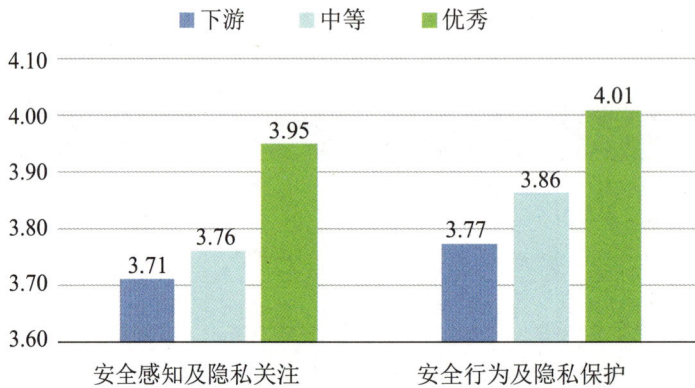

图 6-2　成绩——网络安全与隐私保护能力维度(5 分制)

　　拥有城市户口的青少年在网络安全与隐私保护能力上显著优于农村户口的青少年；对于网络安全与隐私保护能力维度，不同户口类型青少年的安全感知及隐私关注、安全行为及隐私保护水平均有显著差异(Sig. <0.001)。拥有城市户口的青少年安全感知及隐私关注、安全行为及隐私保护水平明显高于农村户口的青少年(见表 6-7、图 6-3)。

表 6-7　户口类型——网络安全与隐私保护能力维度差异检验

指标	户口类型	N	Mean	SD	F	Sig.	偏 η^2
安全感知及 隐私关注	城市	4925	3.88	0.744	122.198	0.000	0.013
	农村	4200	3.71	0.726			
安全行为及 隐私保护	城市	4925	3.96	0.770	107.265	0.000	0.012
	农村	4200	3.80	0.750			

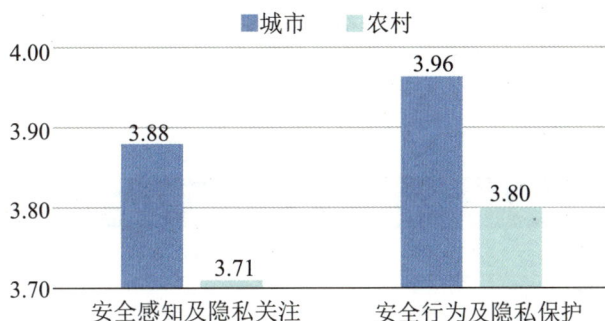

图 6-3　户口类型——网络安全与隐私保护能力维度(5 分制)

对于网络安全与隐私保护能力维度，不同地区的青少年安全感知及隐私关注、安全行为及隐私保护水平均有显著差异(Sig. <0.001)，且不同地区的青少年安全感知及隐私关注水平差异更大。东部地区的青少年安全感知及隐私关注、安全行为及隐私保护水平明显高于其他地区(见表 6-8、图 6-4)。

表 6-8　地区——网络安全与隐私保护能力维度差异检验

指标	地区	N	Mean	SD	F	Sig.	偏 η^2
安全感知及隐私关注	东部	3063	3.92	0.742	59.427	0.000	0.013
	中部	2105	3.77	0.669			
	西部	3957	3.73	0.763			
安全行为及隐私保护	东部	3063	3.95	0.767	16.826	0.000	0.004
	中部	2105	3.88	0.699			
	西部	3957	3.84	0.793			

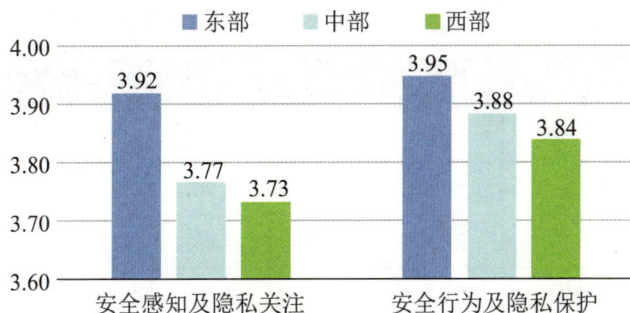

图 6-4　地区——网络安全与隐私保护能力维度(5 分制)

对于网络安全与隐私保护能力维度，日均上网时长对安全行为及隐私保护指标有显著影响（Sig. <0.001），日均上网时长越短的青少年安全行为及隐私保护表现越好（见表6-9、图6-5）。

表6-9　日均上网时长——网络安全与隐私保护能力维度差异检验

指标	日均上网时长	N	Mean	SD	F	Sig.	偏 η^2
安全行为及隐私保护	1个小时以下	3758	3.90	0.779	5.787	0.001	0.002
	1～3个小时	3800	3.90	0.731			
	3～5个小时	969	3.81	0.761			
	5个小时以上	598	3.82	0.877			

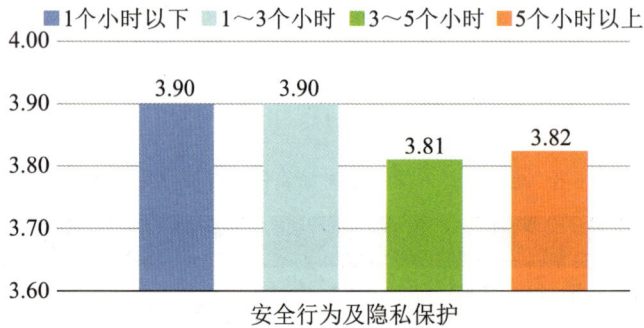

图6-5　日均上网时长——网络安全与隐私保护能力维度（5分制）

网络技能使用熟练的青少年，在网络安全与隐私保护能力方面的表现相对更好；对于网络安全与隐私保护能力维度，网络技能熟练度对安全感知及隐私关注、安全行为及隐私保护均有显著影响（Sig. <0.001）。网络技能非常熟练的青少年在安全感知及隐私关注、安全行为及隐私保护方面均表现最好（见表6-10、图6-6）。

表6-10　网络技能熟练度——网络安全与隐私保护能力维度差异检验

指标	网络技能熟练度	N	Mean	SD	F	Sig.	偏 η^2
安全感知及隐私关注	非常不熟练	685	3.78	0.903	111.214	0.000	0.047
	不熟练	559	3.67	0.707			
	一般	2918	3.65	0.687			
	比较熟练	2511	3.78	0.680			
	非常熟练	2452	4.05	0.754			

续表

指标	网络技能熟练度	N	Mean	SD	F	Sig.	偏 η^2
安全行为及隐私保护	非常不熟练	685	3.82	0.951	101.593	0.000	0.043
	不熟练	559	3.73	0.751			
	一般	2918	3.74	0.714			
	比较熟练	2511	3.87	0.695			
	非常熟练	2452	4.13	0.777			

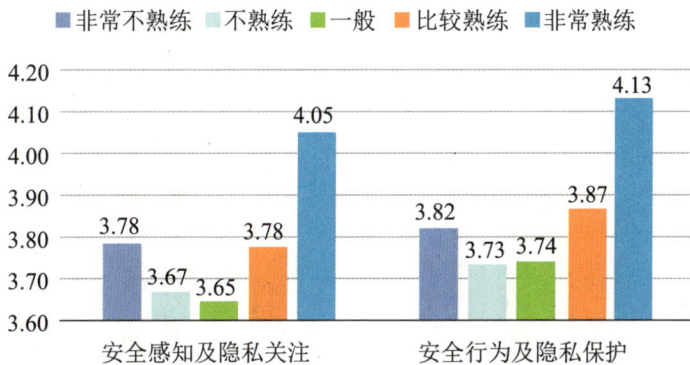

图 6-6　网络技能熟练度——网络安全与隐私保护能力维度(5 分制)

2. 家庭属性影响因素分析

对于网络安全与隐私保护能力维度，父亲学历对安全感知及隐私关注、安全行为及隐私保护指标均有显著影响(Sig. <0.001)。父亲学历越高，青少年的安全感知及隐私关注、安全行为及隐私保护表现越好(见表 6-11、图 6-7)。

表 6-11　父亲学历——网络安全与隐私保护能力维度差异检验

指标	父亲学历	N	Mean	SD	F	Sig.	偏 η^2
安全感知及隐私关注	小学	831	3.58	0.737	30.188	0.000	0.019
	初中	2618	3.74	0.711			
	高中/中专/技校	2349	3.82	0.731			
	大专	1264	3.89	0.711			
	本科	1655	3.91	0.758			
	硕士及以上	327	3.97	0.824			

续表

指标	父亲学历	N	Mean	SD	F	Sig.	偏 η^2
安全行为及 隐私保护	小学	831	3.67	0.745	25.569	0.000	0.017
	初中	2618	3.82	0.741			
	高中/中专/技校	2349	3.93	0.758			
	大专	1264	3.95	0.741			
	本科	1655	3.98	0.784			
	硕士及以上	327	4.03	0.851			

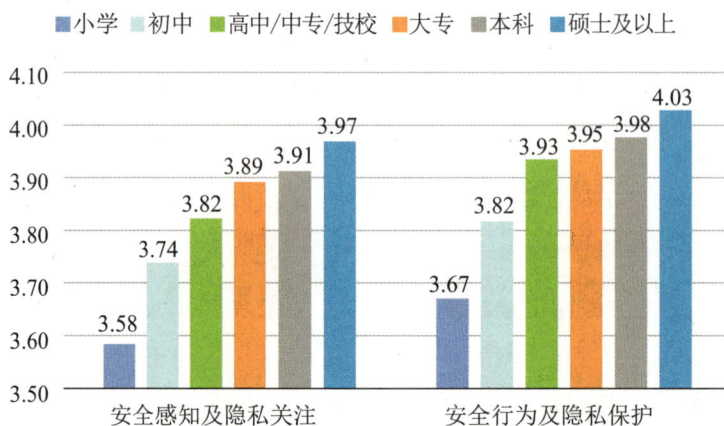

图 6-7　父亲学历——网络安全与隐私保护能力维度(5分制)

母亲学历越高,青少年网络安全与隐私保护能力也越高;对于网络安全与隐私保护能力维度,母亲学历对安全感知及隐私关注、安全行为及隐私保护指标均有显著影响(Sig. <0.001)。母亲学历越高,青少年的安全感知及隐私关注、安全行为及隐私保护表现越好(见表6-12、图6-8)。

表 6-12　母亲学历——网络安全与隐私保护能力维度差异检验

指标	母亲学历	N	Mean	SD	F	Sig.	偏 η^2
安全感知及 隐私关注	小学	1228	3.63	0.732	38.628	0.000	0.025
	初中	2608	3.73	0.716			
	高中/中专/技校	2175	3.83	0.727			
	大专	1244	3.89	0.726			
	本科	1488	3.95	0.737			
	硕士及以上	263	4.03	0.844			

续表

指标	母亲学历	N	Mean	SD	F	Sig.	偏 η^2
安全行为及隐私保护	小学	1228	3.69	0.740	31.695	0.000	0.020
	初中	2608	3.84	0.753			
	高中/中专/技校	2175	3.93	0.746			
	大专	1244	3.97	0.748			
	本科	1488	4.01	0.771			
	硕士及以上	263	4.03	0.889			

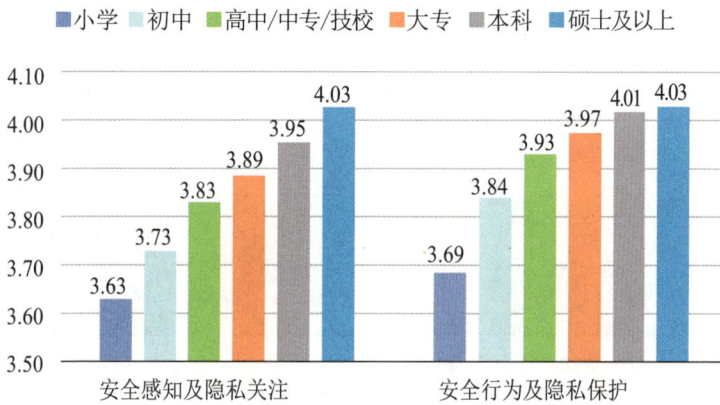

图6-8　母亲学历——网络安全与隐私保护能力维度(5分制)

　　家庭收入水平越高的青少年在网络安全与隐私保护能力方面的表现越好；对于网络安全与隐私保护能力维度，家庭收入对安全感知及隐私关注、安全行为及隐私保护指标均有显著影响(Sig. <0.001)。家庭收入水平越高的青少年在安全感知及隐私关注、安全行为及隐私保护方面表现也越好(见表6-13、图6-9)。

表6-13　家庭收入水平——网络安全与隐私保护能力维度差异检验

指标	家庭收入水平	N	Mean	SD	F	Sig.	偏 η^2
安全感知及隐私关注	低收入水平	594	3.60	0.859	27.477	0.000	0.012
	中等偏下收入水平	1612	3.72	0.701			
	中等收入水平	5126	3.81	0.717			
	中等偏上收入水平	1584	3.90	0.762			
	高收入水平	209	4.03	0.863			

续表

指标	家庭收入水平	N	Mean	SD	F	Sig.	偏 η^2
安全行为及隐私保护	低收入水平	594	3.72	0.850	24.933	0.000	0.011
	中等偏下收入水平	1612	3.79	0.719			
	中等收入水平	5126	3.90	0.746			
	中等偏上收入水平	1584	3.99	0.787			
	高收入水平	209	4.09	0.939			

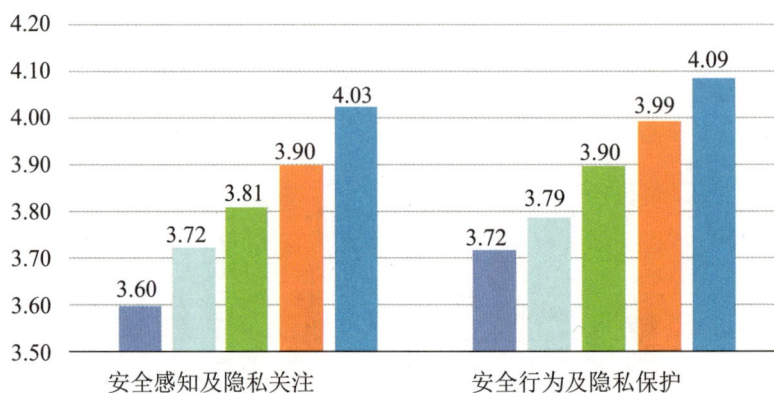

图 6-9　家庭收入水平——网络安全与隐私保护能力维度(5 分制)

对于网络安全与隐私保护能力维度，与父母讨论网络内容频率对安全感知及隐私关注、安全行为及隐私保护指标均有显著影响(Sig. <0.001)。与父母讨论网络内容越频繁的青少年，安全感知及隐私关注、安全行为及隐私保护表现越好(见表 6-14、图 6-10)。

表 6-14　与父母讨论网络内容频率——网络安全与隐私保护能力维度差异检验

指标	与父母讨论网络内容频率	N	Mean	SD	F	Sig.	偏 η^2
安全感知及隐私关注	几乎不	1600	3.70	0.797	42.924	0.000	0.009
	有时	5591	3.79	0.696			
	经常	1934	3.92	0.798			
安全行为及隐私保护	几乎不	1600	3.76	0.818	46.843	0.000	0.010
	有时	5591	3.88	0.721			
	经常	1934	4.01	0.822			

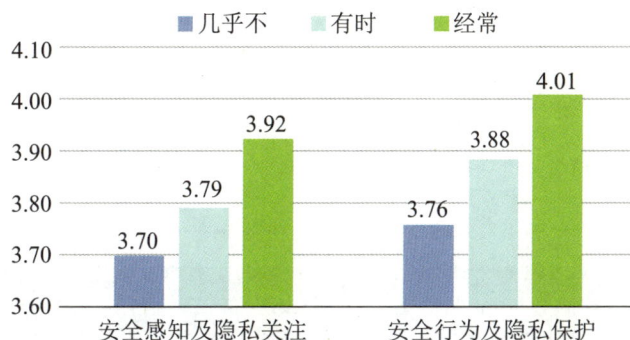

图 6-10　与父母讨论网络内容频率——网络安全与隐私保护能力维度(5 分制)

　　青少年与父母越亲密，网络安全与隐私保护能力越好；对于网络安全与隐私保护能力维度，与父母亲密程度对安全感知及隐私关注、安全行为及隐私保护指标均有显著影响(Sig. <0.001)。与父母非常亲密的青少年在安全感知及隐私关注、安全行为及隐私保护方面表现更好(见表 6-15、图 6-11)。

表 6-15　与父母亲密程度——网络安全与隐私保护能力维度差异检验

指标	与父母亲密程度	N	Mean	SD	F	Sig.	偏 η^2
安全感知及隐私关注	不亲密	218	3.73	0.976	54.662	0.000	0.012
	一般	3458	3.70	0.708			
	非常亲密	5449	3.87	0.742			
安全行为及隐私保护	不亲密	218	3.70	0.925	89.458	0.000	0.019
	一般	3458	3.76	0.735			
	非常亲密	5449	3.97	0.764			

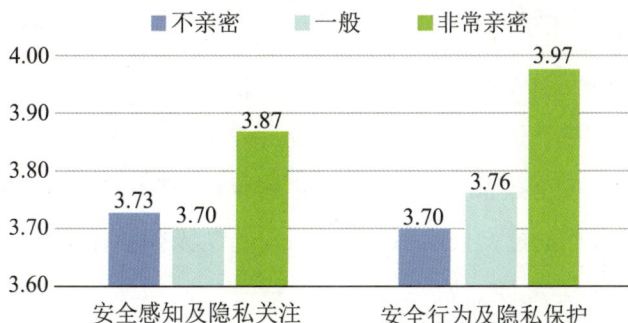

图 6-11　与父母亲密程度——网络安全与隐私保护能力维度(5 分制)

对于网络安全与隐私保护能力维度，父母干预上网活动的频率对安全感知及隐私关注、安全行为及隐私保护指标均有显著影响（Sig. <0.001）。父母几乎不干预上网活动的青少年，其在安全感知及隐私关注和安全行为及隐私保护方面反而表现得更好（见表6-16、图6-12）。

表 6-16　父母干预上网活动频率——网络安全与隐私保护能力维度差异检验

指标	父母干预上网活动频率	N	Mean	SD	F	Sig.	偏 η^2
安全感知及隐私关注	几乎不	1422	3.91	0.761			
	偶尔	5142	3.76	0.719	24.214	0.000	0.005
	经常	2561	3.83	0.763			
安全行为及隐私保护	几乎不	1422	3.97	0.785			
	偶尔	5142	3.87	0.745	9.102	0.000	0.002
	经常	2561	3.88	0.791			

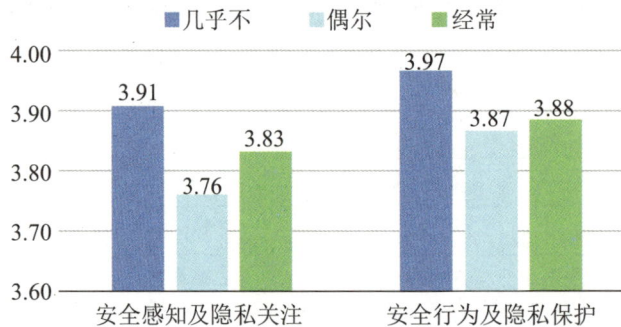

图 6-12　父母干预上网活动频率——网络安全与隐私保护能力维度（5分制）

3. 学校属性影响因素分析

对于网络安全与隐私保护能力维度，学校是否开设网络信息技术课程对青少年安全感知及隐私关注、安全行为及隐私保护指标均有显著影响（Sig. <0.001）。学校开设了相关课程的青少年安全感知及隐私关注、安全行为及隐私保护水平明显更高（见表6-17、图6-13）。

表6-17 学校是否开设网络课程——网络安全与隐私保护能力维度差异检验

指标	学校是否开设网络课程	N	Mean	SD	F	Sig.	偏 η^2
安全感知及隐私关注	是	7661	3.83	0.726	63.202	0.000	0.007
	否	1464	3.66	0.796			
安全行为及隐私保护	是	7661	3.92	0.750	107.042	0.000	0.012
	否	1464	3.70	0.813			

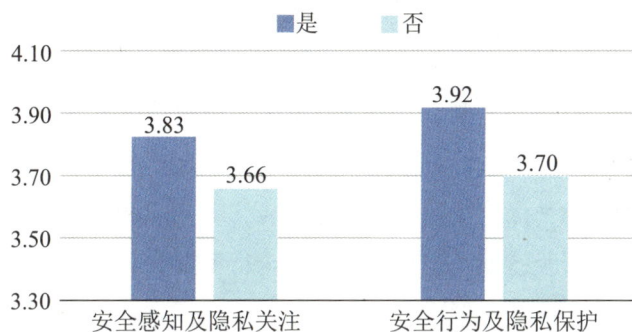

图6-13 学校是否开设网络课程——网络安全与隐私保护能力维度(5分制)

对于网络安全与隐私保护能力维度,网络课程收获程度对安全感知及隐私关注、安全行为及隐私保护指标均有显著影响(Sig. <0.001)。网络课程收获很大的青少年安全感知及隐私关注、安全行为及隐私保护表现明显更好(见表6-18、图6-14)。

表6-18 网络课程收获程度——网络安全与隐私保护能力维度差异检验

指标	网络课程收获程度	N	Mean	SD	F	Sig.	偏 η^2
安全感知及隐私关注	几乎没有收获	317	3.83	0.802	89.531	0.000	0.023
	有些收获	3921	3.73	0.693			
	收获很大	3423	3.95	0.737			
安全行为及隐私保护	几乎没有收获	317	3.75	0.830	124.154	0.000	0.031
	有些收获	3921	3.81	0.710			
	收获很大	3423	4.07	0.761			

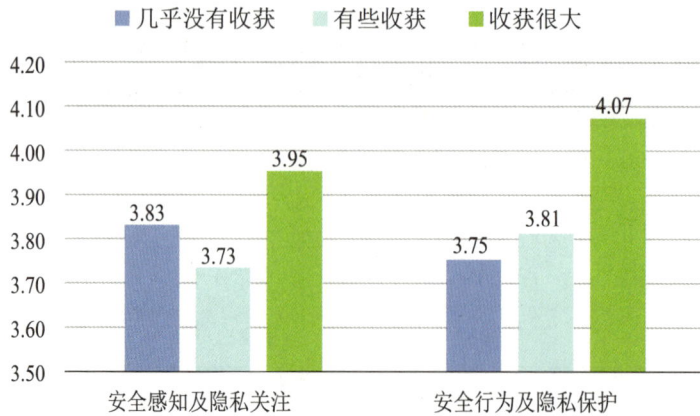

图 6-14　网络课程收获程度——网络安全与隐私保护能力维度(5 分制)

　　与同学讨论网络内容越频繁，青少年网络安全与隐私保护能力方面的素养水平也越高；对于网络安全与隐私保护能力维度，与同学讨论网络内容频率对安全感知及隐私关注、安全行为及隐私保护指标均有显著影响(Sig. <0.001)。与同学讨论网络内容越频繁的青少年，在安全感知及隐私关注、安全行为及隐私保护方面表现也越好(见表 6-19、图 6-15)。

表 6-19　与同学讨论网络内容频率——网络安全与隐私保护能力维度差异检验

指标	与同学讨论网络内容频率	N	Mean	SD	F	Sig.	偏 η^2
安全感知及隐私关注	几乎不	451	3.62	0.906	86.904	0.000	0.019
	有时	4554	3.72	0.692			
	经常	4120	3.91	0.756			
安全行为及隐私保护	几乎不	451	3.69	0.916	54.767	0.000	0.012
	有时	4554	3.83	0.724			
	经常	4120	3.97	0.781			

　　对于网络安全与隐私保护能力维度，学校有无移动设备管理规定对安全感知及隐私关注、安全行为及隐私保护指标均有显著影响(Sig. <0.001)。学校有移动设备管理规定的青少年安全感知及隐私关注、安全行为及隐私保护能力水平明显更高(见表 6-20、图 6-16)。

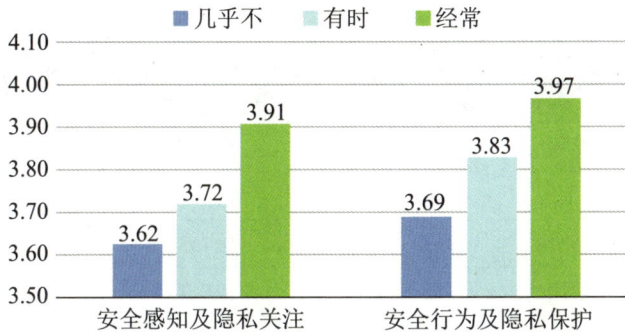

图 6-15　与同学讨论网络内容频率——网络安全与隐私保护能力维度(5 分制)

表 6-20　学校有无移动设备管理规定——网络安全与隐私保护能力维度差异检验

指标	学校有无移动设备管理规定	N	Mean	SD	F	Sig.	偏 η²
安全感知及隐私关注	是	8285	3.83	0.729	77.585	0.000	0.008
	否	840	3.59	0.810			
安全行为及隐私保护	是	8285	3.91	0.757	67.449	0.000	0.007
	否	840	3.68	0.810			

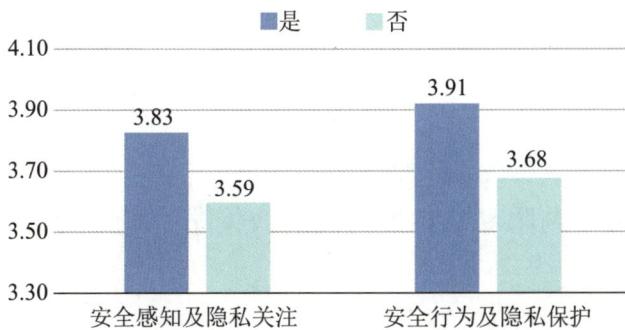

图 6-16　学校有无移动设备管理规定——网络安全与隐私保护能力维度(5 分制)

　　对于网络安全与隐私保护能力维度，上课使用手机频率对安全感知及隐私关注、安全行为及隐私保护指标均有显著影响(Sig. <0.001)。上课从未使用手机的青少年安全感知及隐私关注、安全行为及隐私保护表现明显更好(见表 6-21、图 6-17)。

表 6-21　上课使用手机频率——网络安全与隐私保护能力维度差异检验

指标	上课使用手机频率	N	Mean	SD	F	Sig.	偏 η^2
安全感知及隐私关注	从未使用	6993	3.82	0.726	6.957	0.000	0.002
	不经常使用	742	3.74	0.748			
	有时候使用	913	3.72	0.753			
	经常使用	477	3.80	0.881			
安全行为及隐私保护	从未使用	6993	3.91	0.752	7.418	0.000	0.002
	不经常使用	742	3.79	0.761			
	有时候使用	913	3.83	0.773			
	经常使用	477	3.85	0.914			

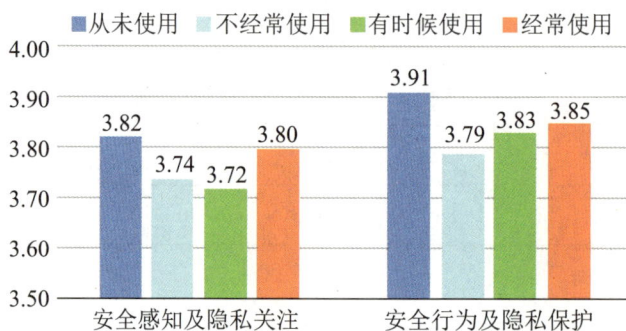

图 6-17　上课使用手机频率——网络安全与隐私保护能力维度(5 分制)

三、加强网络安全与隐私保护能力的有效策略

(一) 政府完善法制、监管与社会保障

政府在统筹协调网络安全全局方面发挥着至关重要的作用，应不断健全相关法律法规，积极协调企业、个人、政府与组织之间的关系，统筹多方力量，构建多主体共同参与协作的网络安全治理体系。

一是建立完善个人信息权益保障法律制度，逐步落实个人信息保护。科学构建网络权益保障法律制度，能够为实现广大网民合法权益的线上、线下全方位保护提供充分的法律依据。目前通过民法、刑法和专门立法，我国已逐步构建起个人信息权益保护的法律屏障，个人信息保护水平显著提升。2020年十三届全国人大三次会议审议通过《民法典》，在前期法律规定的基础上，对民事领域的个人信息保护问题进行了系统规定。2009年、2015年通过的《刑法》修正案，设立侵犯公民个人信息罪，强化个人信息的刑法保护。在网络专门立法中，2012年通过的《全国人民代表大会常务委员会关于加强网络信息保护的决定》，明确保护能够识别公民个人身份和涉及公民个人隐私的电子信息。2016年制定的《网络安全法》，进一步完善个人信息保护规则。2021年制定的《个人信息保护法》，细化完善个人信息保护原则和个人信息处理规则，健全个人信息保护工作机制。2021年6月1日正式施行新修订的《未成年人保护法》，2024年1月1日正式施行《未成年人网络保护条例》等。只有根据实际情况制定更加健全的法律法规，才能够合理限定隐私保护工作的强度和范围，并为用户提供合理的、有效的权威和依据，使用户的个人隐私能够得到更加充分的保护。当前我国有关网络用户个人信息安全保障的法律法规已逐渐应用于实际当中，但是对于网络用户来说，当前相关的法律法规主要还是起到警示和限制的作用，相关的综合性基本法仍需要进一步的补充和健全，部分法律法规在概念界定、责任主体完善、归责体系及诉讼程序衔接等问题上还需进一步明晰具体司法实践中存在的不确定性。① 同时还需提升相关法律法规的预见性和针对性，以促使网络信息安全保护相关法律法规具有更强的系统性，以实现相关法律法规的持续有效发展。② 例如，人工智能技术在舆情监控、受众画像构建等方面的应用，可能会对公民的隐私权产生影响。政府部门需要在利用AI技术收集和分析公民信息的过程中，充分尊重和保护公民的隐私权，确保合法合规地使用数据。

二是规范网络信息传播秩序，提升网络安全监管治理力度。面对网络信息治理这一世界性难题，制定《民法典》《网络安全法》《互联网信息服务管理办法》等法律法规，明确网络信息内容传播规范和相关主体的责任，为治理危害国家安全、损害公共利益、侵害他人合法权益的违法信息提供了法律依据。但在实际的信息传播活动中，受利益驱动，通过应用商业化手段对用户个人隐私信息进行利用的情况层出不穷，这也就必然导致用户个人隐私发生泄露。因此在设置了企业的法律责任之后，还需落实具

---

①　孙楚凝：《网络环境下个人私密信息保护问题探究》，硕士学位论文，山东大学，2021。

②　袁青霞，赵洪宇：《大数据发展背景下网络安全与隐私保护探讨》，载《网络安全技术与应用》，2022(08)。

体的监管治理工作，出台网络数据管理和安全保护相关政策和标准，在行业内设置合理的监管措施，建立常态化管理机制，提升行业自律性；强化企业网络数据安全主体责任，加大监督检查和违法违规行为执法惩处力度；对传播各类违法违规信息的网站平台，采取约谈、责令改正、警告、暂停信息更新、罚款等多种措施，督促网站平台履行主体责任，依法依约对用户发布的信息进行管理，建立网络信息安全投诉、举报机制，形成治理合力；同时，针对个人信息侵权行为的密集性、隐蔽性、技术性等特点，相关部门还应采取新的监管思路、监管方式和监管手段，加大违法行为处置力度，建立起媒体、企业、政府以及个人在内的多元化监督体制，持续开展移动互联网应用程序违法违规收集使用个人信息专项治理，有效整治违法违规处理个人信息问题。

三是增强网络安全技术、人才保障，加快数据安全体系建设。对个人隐私信息进行安全保护，除了法律约束之外，还需要技术和人才来实施和保障。密码技术是解决个人隐私保护的一个技术基础，密码加密技术可以确保个人信息保密性、完整性和不可否认性。[①] 为保障网络安全控制工作能够得到切实落实，有必要针对海量的数据实施加密处理，使数据均能够以"密文"的形式出现，经过加密的数据则能够在传播过程中得到充分的保护，即使出现数据被窃的现象，也不会被轻易查看。为保障数据存储过程中的稳定和安全，相关技术人员还要充分掌握不同数据的类型特点，并提出具有针对性的数据加密措施，保障网络信息数据在传播过程中的安全。[②] 目前在网络安全领域，我国仍缺乏核心技术，相关高端技术及产品的自主研发能力仍较低，市场所见的网络安全产品及技术多源自国外。鉴于此，我国应制定创新科技的发展战略，以科技创新和自主研发能力的提升为驱动力，增强网络安全技术水平，强化安全设施建设，制定有效措施增强科技能力，构建和重点支持大数据及国际高端技术、产品研发中心，注重人才培育，打造拥有国际竞争力的科技领军人才及创新团队，强化技术革新及应用能力，增强网络安全领域内人工智能及大数据技术的应用。[③]

---

① 李洁，周毅：《网络信息内容生态安全风险：内涵、类型、成因与影响研究》，载《图书情报工作》，2022(05)。

② 屈玉舍：《大数据时代未成年人数据及隐私保护的路径》，载《内蒙古电大学刊》，2021(01)。

③ 苗玲玲：《新形势下网络信息安全及规制研究》，载《网络安全技术与应用》，2023(01)。

（二）企业形成行业自律与行业规范

在落实网络安全维护和用户个人信息防护的过程中，各个企业必须肩负起主体责任，重视平台用户的隐私信息权益，切实履行自律自查规范，兼顾社会效益与经济效益，积极探索如何利用数字技术为用户打造安全可靠的网络环境。

严格落实国家法律规定，自觉履行自律责任。《网络安全法》第九条明确规定：网络运营者开展经营和服务活动，必须遵守法律、行政法规，尊重社会公德，遵守商业道德，诚实信用，履行网络安全保护义务，接受政府和社会的监督，承担社会责任。各个企业作为网络运营主体应严格按照相关法律法规和国家政策要求以加密、数据备份、分类等措施保护数据信息，在技术手段之外积极探索其他防范措施，加大网络安全防护力度。[①] 企业要充分尊重用户权利，建立链条完整的隐私保护机制，从源头做好用户信息的安全防护。在收集用户个人信息前应按照政策要求，制定严苛的隐私安全原则，向用户展示清晰完整的平台隐私协议。协议应真实、清晰地体现收集、使用用户隐私信息的详细内容，包括系统权限、授权对象、共享方式、信息收集清单、应用场景、应用目的、保护手段等，使用户通过阅读隐私条例能够清晰获知平台操作，考量隐私风险。在用户使用平台服务的过程中，通过自上而下的组织与流程保障，对传输数据进行加密处理，构建完整的安全验证与防护体系，确保信息使用安全。此外，企业部门还应强化自身的监管工作，自觉接受内外部监督，对内应充分提升用户对于个人隐私信息的可控制性，由用户自主决定自身信息是否可以对外发布，对外要根据相关法律法规履行责任义务，合理保护用户隐私，提升用户个人信息的完整性和可用性。

秉持技术向善理念，提升网络安全技术水平。从数据信息应用的系统角度来看，数据从采集、传输到应用、共享直至销毁的全生命周期的各个环节均面临安全风险，数据信息安全防御体系必须贯穿生命周期的始终。[②] 企业应及时更新平台的信息安全体系，积极引进并维护新的安全防护技术和设备。[③] 在用户信息采集环节，通过采集白名单、数据源操作权限管理、事前敏感字段标注、安全级别设置、静态脱敏、传输

---

① 苗玲玲：《新形势下网络信息安全及规制研究》，载《网络安全技术与应用》，2023（01）。

② 刘明辉，张玮，陈湉，王然：《数据安全与隐私保护技术研究》，载《邮电设计技术》，2019（04）。

③ 朱光军，孟子栋：《基于大数据时代背景下的网络信息安全及防护策略研究》，载《中国新通信》，2018（02）。

加密等技术来实现采集数据源、采集流程以及传输通道的安全防护；在信息存储处理环节，可运用透明加密、数据完整性检验提高数据存储安全性；在信息流动共享环节，通过传输加密、去标识化、数字水印等方式保障安全。企业应建立危机预警机制，制定网络安全事件应急预案，及时处置系统漏洞、计算机病毒、网络攻击、网络侵入等安全风险；在发生危害网络安全的事件时，立即启动应急预案，采取相应的补救措施，并按照规定向有关主管部门报告。除了在技术应用层面提升平台安全保障能力外，企业在创新探索安全防护技术时还应秉持"科技向善"理念，把技术防护转化为制度层面的设计，在为用户提供隐私安全技术时也要让其更多了解在面对隐私泄露、信息被盗用时寻求技术帮助的可能。[①]

完善行业自律公约，发挥行业自律效能。在网络技术快速迭代发展的趋势背景下，法律规范本身所携带的稳定性决定了其在应对新情况时具有滞后性、灵活性欠缺的不足之处。所以仅仅依靠法律规范的约束，势必会使一些新生乱象在一定时间内处于规制的真空状态，此时就需要注重发挥网络行业的监管及自我调整作用。中国互联网行业的自律规范是在互联网行业的崛起过程中发展而来的。2004 年，《中国互联网行业自律公约》生效，其中对尊重和保护互联网用户私密信息进行了原则性规定。2011 年到2013 年间，中国互联网协会相继发布《互联网终端软件服务行业自律公约》《互联网搜索引擎服务自律公约》和《互联网终端安全服务自律公约》，这些公约都在互联网企业保护网民隐私安全方面进行了具体而详细的规定。[②] 2017 年，旨在搭建移动互联网安全的合作与促进平台，推进移动互联网、移动设备信息安全发展的电信终端产业协会移动安全工作委员会(MSA)成立，成为互联网行业推动网络个人隐私安全保护的重要尝试。由于我国互联网行业的快速发展，行业自律并未发展成熟，且现有的一系列自律公约明显存在规定过于抽象、可操作性差、权威不足等问题，尤其是缺乏惩罚性措施。[③] 因此各互联网企业应当联合起来，科学制定行业公约，合理设置监管措施，努力推动健全本行业的网络安全保护规范与协作机制，补齐现有网络隐私保护机制短板，加强对网络安全风险的分析评估，定期向会员进行风险警示，支持、协助会员应对网络安全风险，群策群力提升行业自律性。

---

① 张媛媛：《论数字社会的个人隐私数据保护——基于技术向善的价值导向》，载《中国特色社会主义研究》，2022(01)。

② 张超，侯林燕：《网络隐私保护机制对策研究》，载《安阳师范学院学报》，2022(04)。

③ 王利明：《敏感个人信息保护的基本问题——以〈民法典〉和〈个人信息保护法〉的解释为背景》，载《当代法学》，2022(01)。

(三)切实提高个人网络安全素质与能力

随着公众对互联网的使用频率和嵌入程度越来越高,在享受互联网带给生产、生活等各方面的便利与优势的同时,个人网络安全素质与能力水平也应引起足够重视。广大网民应充分认识到网络安全与隐私保护的重要性,将网络安全素养内化于心、外化于行,以达成安全、健康和高效地使用网络的目标。

目前,网络上各种攻击方法层出不穷,现有的安全机制和网络安全防护机制难以完全杜绝网络攻击事件,公众网络安全与隐私保护意识的欠缺是网络隐私侵权泛滥的重要原因。相较于欧美发达国家,我国并没有强调隐私保护的传统,网民的隐私保护意识也相对薄弱。[①] 对于作为隐私信息持有者及隐私披露决定者的广大网民来说,首先需要从认知方面提升网络安全和隐私保护意识。一是应当完善和拓展对网络隐私的范围认知。二是要提高信息安全和隐私防范意识,充分认识线上空间的安全环境现状及隐私泄露的严重后果,特别是在社交媒体、网上交易、需要填写个人账户密码或真实信息的情境中,要时刻戒备已知和未知的风险。在线上空间中,可通过建立对平台隐私保护举措的衡量标准、关注平台的隐私信息搜集操作、重视个人对隐私信息的把控程度3个步骤来判断所使用网络平台的隐私安全水平,并据此采取相应的安全防护措施。三是要主动学习和了解网络安全的相关知识,掌握网络安全常识和常见网络安全风险防范措施。网络为公众提供了丰富的学习资源,广大网民应充分利用公开的网络安全教育资源不断学习积累相关知识、努力提升网络安全素质,如阅读了解网络安全相关法律法规,定期参与网络安全在线课程学习与培训、在网络安全与隐私保护话题社区进行经验交流讨论等。

落实到隐私保护的具体行为上,公众需要主动提升自身网络技能熟练程度,并不断积累应对隐私安全风险的行动经验。广大网民可以通过学习和实践建立起一套完整的防范流程,如设置复杂的登录密码并定期更换,填写信息时,伪造、隐藏重要信息;使用平台前关注并详细阅读用户隐私协议,评估信息搜集及处理设置;在浏览器及其他平台设置禁止追踪;使用他人或公共电脑时及时清除使用痕迹;非必要不连接使用公共无线网络;存在隐私风险时停止使用并及时反馈。除了聚焦网络使用行为外,网络环境是否安全也是网民需要重点关注的要素之一。我们应学习和了解网络安

---

① 张超,侯林燕:《网络隐私保护机制对策研究》,载《安阳师范学院学报》,2022(04)。

全的相关知识，掌握基础的网络安全常识与问题处理能力，确保自己在安全的网络环境下进行各项信息传播活动，保持良好、健康的上网习惯，杜绝浏览不良信息，从源头上遏制个人隐私数据泄露。如下载官方正版软件、软件杀毒等；在运用一般安全策略应对网络潜在安全风险的同时，公众还可以通过与父母、朋友及时分享、讨论相关网络信息，主动传递隐私关注，分享保护举措，互帮互助规避风险陷阱。

在遭遇网络安全威胁或隐私侵权后，我们应积极运用包括向平台投诉、求助亲友、求助警察、诉诸法律多种手段来维护自身合法权益。公众应树立牢固的维权意识，将个人隐私权益关注与保护贯穿网络使用全流程。在享用网络服务企业等主体提供的商品或服务前，应结合自身合法权益保护所需，认真对待法律所赋予的同意权利，即网络用户在享用商品或服务前应通过积极同意和实质性同意为前提要件，落实网络用户"知情同意"原则在个人隐私保护中的实质性参与。① 公众应确认网络运营服务企业等主体是在自身同意范围内处理其个人隐私信息，否则网络用户同意的自决权便可作为起诉企业网络侵权的抗辩事由。而如果是网民在使用互联网产品或信息服务的过程中发生了隐私窃取、泄露或被非法利用等情况，则应该收集并保存好隐私泄露的证据及侵犯方信息，依法追究对方侵权责任，并要求做出相应赔偿。如是其他网络用户侵犯了自身合法权益，受害人有权通知网络服务的提供者采取删除、屏蔽、断开链接等方式防止侵害进一步扩大，网络服务提供者在接到通知后，要及时进行调查并采取必要的措施，否则应和侵权人一起承担相应的连带责任。诚然，公众掌握处理隐私侵权的知识与技能是实现合法权益保护的重要因素之一，但同时反馈侵权问题时企业反馈途径的畅通、操作流程的便利、回应速度的快慢、向司法机构维权起诉成本的高低、维权机制的流畅程度和处理速度都直接影响着公众的个人权益能否得到有效维护。因此，打击隐私侵权行为并降低侵权行为再发生的可能性还需要多方参与者的共同努力。

(四)构建网络安全教育生态系统

网络安全教育是提高个人网络安全认知与技能的直接途径，也是提升我国公民整体网络安全素养的重要一环。构建家庭教育、学校教育和社会教育三位一体的网络安全教育生态系统是推动形成网络安全良好生态、助力网络文明建设的重要举措。

---

① 王勇旗：《大数据时代侵害网络用户个人隐私的抗辩事由》，载《西安石油大学学报》(社会科学版)，2022(03)。

在家庭层面，青少年作为数字原住民，对于信息缺少足够的鉴别能力，家长要培养孩子在信息整理、分类技巧、辨别垃圾信息以及保护个人信息方面的能力，培养孩子正确的价值观，避免有害信息对青少年造成伤害。当孩子在上网过程中遇到有害信息和网络安全风险时家长应及时进行教育和引导，告知这些信息可能产生的危害与风险，使孩子能够树立起安全上网的观念。依托家庭力量有效提升隐私关注及隐私保护能力的途径可具体归纳为"关注""沟通""支持"三大要点。"关注"层面要求家长及其他监护人首先从意识层面重视孩子所面临的网络安全问题，并在日常生活中向孩子讲解网络安全的相关知识，包括避免泄露自己的真实信息、通过社交网络聊天时的注意事项等，密切关注孩子在网络上的隐私和权限设置，告知孩子哪些信息是可以被应用访问、哪些信息是禁止访问的，并帮助孩子在网络上设置安全密码，定期检查网络中是否含有病毒和恶意软件等，防患于未然。"沟通"层面要求监护人与青少年之间建立起真诚的双向交流氛围。青春期阶段，青少年对父母产生一定的逆反心理，倾向于回避交流、寻求独立。这一不可避免的生理倾向对父母等监护人的沟通技巧与相处模式提出挑战。因而为帮助提升中学生网络隐私保护能力，父母等监护人要以真诚、友善的沟通氛围为前提，将网络隐私话题引入日常交流之中，提升隐私关注水平、传递网络隐私环境潜在危机、分享网络隐私内涵及隐私保护有效措施。"支持"层面则需要父母主动提高与青少年的亲密沟通频率、增进亲密关系度。父母与子女之间建立起双向信任关系，一方面能为青少年自行探索学习网络技能、提升个人网络自我效能感提供条件，另一方面也能为其提供情感支持，强化其维权意愿和信心。做到以上三点的本质是搭建起积极、开放、民主的家庭沟通氛围，鼓励中学生对父母或其监护人建立充分的信任感，从家庭中获得提升个人隐私关注及隐私保护能力的动力源泉。

在学校层面，首先要建立网络素养教育体系，明确安全使用网络规则。2020年8月，教育部等六部门发布《关于联合开展未成年人网络环境专项治理行动的通知》。通过专题教育、课堂教学、班团队会等形式，加强中小学生网络素养和网络安全自我保护教育及宣传引导，提升中小学生的上网技能、信息甄别和安全防护能力等网络素养。[1] 目前，我国中小学尚未形成统一的网络安全教育课程体系，有些学校甚至尚未开展网络安全教育课程，课程设置、教学内容、师资培训、教学方式等都还有待加强。在学校的网络安全教育课程中，安全上网行为规范知识、网络相关法律知识、信

---

① 王正青，程涛：《美国中小学生网络安全素养教育的实践策略与保障机制》，载《教师教育学报》，2023(01)。

息网络安全知识等薄弱内容需要尽快弥补短板。此外，学校应明确学生的网络使用规则，帮助其建立自我防护意识，促进学生在校内外均能健康、文明、安全上网。其次要完善网络安全课程设置，探索多样化的教育方式。现有学校的网络安全课程设置多聚焦于使用能力培养，在此基础上，还应该适当增加信息辨别、网络风险防范、自我信息保护等知识的教学培养；注意把网络安全素养教育融入美育、思想道德等课程之中，适时革新课程内容，引入前沿网络安全防护技术等，创新授课形式与内容。最后，还应加强教师网络安全素养培训，使教师观念与时俱进。在网络安全素养教育体系建设中，教师处于第一线，学校应定期组织教师进行网络安全培训，提升教师的网络安全素养与网络风险应对化解能力，并通过教学工具指导，协助教师有效开展网络安全课堂教学；定期开展网络安全素养教育研讨会，帮助教师梳理学校网络安全教学中的共性难题，构建经验交流与问题解决平台；充分挖掘网络安全素养教育领域的优秀师资，倡导其发挥模范带头作用，以点带面，逐步推进我国网络安全素养教育教学实践落地。①

　　在社会层面，要充分发挥社会大课堂的作用，浸入式培养公众的网络安全思维方式与行为习惯。在全社会积极营造网络安全文化氛围，围绕"国家网络安全周"主题，倡议积极开展信息共享、隐私保护、入侵检测、密码设置等网络安全领域的宣传教育活动，帮助广大网民了解在线安全、信息泄露、隐私保护等常识，增强网络安全思想观念，确保其了解网络安全事件发生前后的具体行动策略和应急响应程序，能够有效识别、正确处理和及时化解网络风险。同时，在大力推动将网络安全素养知识融入相关课堂教学之外，还要兼顾理论学习和实践应用两者相结合，通过参与式、交流式、拓展式的媒介体验和社会实践活动使得网络安全教育突破家庭和学校的范围限制，让公众能够将知识建构、技能培养与思维发展融入运用数字化工具解决网络安全问题的全过程，促进网络安全知识与个人隐私保护技能的社会性建构。

---

　　①　沈小碚，樊晓燕：《智慧教育背景下教师专业发展面临的挑战与机遇》，载《教师教育学报》，2020(01)。

第七章 网络价值认知与行为

网络空间具有匿名性、虚拟性、开放性等特点，使得网络空间注定是一把双刃剑。《伦理学大辞典》收录了"网络道德"这一新词条，网络道德，又称"网络伦理"，是指计算机信息网络的开发、设计与应用中应当具备的道德意识和应当遵守的道德行为准则。建设文明健康的网络环境，需要每一个网民以良好行为规范网络空间，自觉弘扬真善美、抵制假恶丑，提升自身网络素养水平。

一、网络价值认知与行为的概念

(一) 网络道德

严耕等人的《网络伦理》和张震的《网络时代伦理》专门论述了网络伦理并指出了现存的突出问题。从网络参与者角度，学者刘守旗将网络道德视为一种制约网络使用者的规范，网民利用网络进行活动交往时所应遵循的原则和规范，并在此基础上形成的新的伦理道德关系。① 尹翔则从道德构成要素方面认为网络道德是以善恶为标准，通过社会舆论、内心信念和传统习惯来评价人们的上网行为，调节网络时空中人与人之间以及个人与社会之间关系的行为规范。② 综上可知，一方面，网络道德具有道德的一般属性，遵循普遍意义的善恶标准，是现实社会中调节人与人、人与社会关系的准则和规范在网络虚拟空间的延伸和投射；另一方面，它又形成、作用、依附于网络

---

① 刘守旗：《网络德育：21 世纪的德育革命》，载《南京师范大学学报》(社会科学版)，2003(06)。

② 尹翔：《网络道德初探》，载《山东社会科学》，2007(07)。

虚拟空间，呈现出不同于传统道德的新的内容、形式和要求。

青少年正处于人生观和价值观的重要形成阶段，也是道德塑造的关键时期，思想不够成熟，容易受到网络负面信息的影响和引导。脑科学的大量研究表明，大脑前额叶是认知控制的最重要神经基础，负责并执行抑制控制功能，影响着我们对他人进行对错与否的道德评价以及自己决定是否做出某些行为的道德决策，也影响着共情、内疚等道德情绪的形成。① 由于青少年尚未发育成熟，容易有道德判断失常、道德自控失败等表现。心理学家也提出了"抑制"的概念，认为抑制是个体行为受到自我意识约束，维持一定的焦虑水平并且在意他人的评价，从而做出理性行为的现象。与之相反的"去抑制"则是个体更少受自我意识的约束，更不在乎他者的存在。由于互联网的匿名性和虚拟性，青少年在网络社会中更难克制自己，更容易情绪失控和行为不理性，更容易忽视道德准则和社会规范，出现"网络解除抑制效果"。因此，很多学者担忧互联网环境会对青少年的道德认知和行为产生影响，认为网络中的信息垃圾会使青少年道德意识弱化，网络的间接交往形式会造成青少年道德情感冷漠，网络内容传播的超地域性导致青少年价值观的冲突与迷失②，甚至表现出一些过激、欺骗的网络偏差行为。然而在受到网络道德影响的同时，作为网络重要行为主体的青少年，客观上也被要求作为"参与人"积极进入网络道德的建设中来，在网络道德秩序的维持中扮演着重要的角色。

国外的一些计算机和网络组织为规范网络使用者行为提出了一系列要求和准则。美国计算机伦理协会制定了著名的"计算机伦理十戒"，用于规范网络用户的行为：(1)不应该用计算机去伤害他人；(2)不应干扰别人的计算机工作；(3)不应窥探别人的文件；(4)不应用计算机进行偷窃；(5)不应用计算机作伪证；(6)不应使用或拷贝没有付钱的软件；(7)不应未经许可而使用别人的计算机资源；(8)不应盗用别人的智力成果；(9)应该考虑你所编的程序的社会后果；(10)应该以深思熟虑和慎重的方式来使用计算机。③

部分机构还明确规定了哪些行为属于网络不道德行为，如南加利福尼亚大学网络伦理声明明确指出了6种网络不道德行为类型：(1)有意地造成网络交通混乱或擅自

① 王云强，郭本禹：《大脑是如何建立道德观念的：道德的认知神经机制研究进展与展望》，载《科学通报》，2017(25)。
② 楚丽霞：《网络社会中青少年德性的创造》，载《当代青年研究》，2000(03)。
③ 陆俊，严耕：《国外网络伦理问题研究综述》，载《国外社会科学》，1997(02)。

闯入网络及其相连的系统；(2)商业性地或欺骗性地利用大学计算机资源；(3)偷窃资料、设备或智力成果；(4)未经许可而接近他人的文件；(5)在公共用户场合做出引起混乱或造成破坏的行动；(6)伪造电子邮件信息。[①]

2000年，英国谢菲尔德大学信息研究中心的韦伯教授发表在《美国情报科学杂志》上的"信息素养"的概念，在以往强调的信息意识、信息能力的基础上特别增加了信息道德维度，强调了在社会中合法使用信息的重要性。根据《高等教育信息素养能力标准》，了解与信息及信息技术有关的伦理、法律问题，有助于学生找出并讨论与免费和收费信息相关的问题；找出并讨论与审查制度和言论自由相关的问题；显示出对知识产权、版权和合理使用受专利权保护资料的认识。了解、遵守和使用与信息资源相关的法律、规定、机构性政策和礼节，有助于学生按照公认的惯例(如网上礼仪)参与网上讨论；使用经核准的密码和其他身份证明来获取信息资源；按规章制度获取信息资源；保持信息资源、设备、系统和设施的完整性；合法地获取、存储和发布文字、数据、图像或声音；了解什么行为构成抄袭，不能把他人的作品作为自己的；了解与人体试验研究有关的规章制度。龚玄在《论青少年网络道德失范及其治理》中将青少年网络道德失范行为归纳为沉溺于网络世界、散布不当信息、"攻击"行为威胁、网络剽窃侵权，并指出由于青少年群体的特点，其网络道德失范不仅与其他群体网民不完全相同，还带有总量的不断增多、趋势的低龄化和种类的多样性等特点。[②] 于航列举了青少年在使用网络的过程中出现的沉溺网络、道德情感冷漠、疏远人群、盗取隐私信息、非法入侵他人网络、网络诈骗、散播不良信息等道德不良行为。[③]

(二)网络暴力认知与行为

随着互联网技术的迅速发展，不少经过恶意加工的信息成为网络暴力的攻击工具，引发了一件件令人唏嘘的事件。其中不少涉事人员为青少年群体，造成的损失和伤害是难以估量的。青少年是一个长期接触网络环境的群体，很容易被卷入网络暴力中。Hinduja和Patchin等人调查了83所美国中小学学生，发现27.3%的人曾经受到过网络暴力的伤害，也有16.8%的学生承认曾经对别人实施过网络暴力。Qing Li对加拿大两所中学177名学生进行的匿名研究显示24.9%的学生曾经是网络暴力的受害

①　陆俊，严耕：《国外网络伦理问题研究综述》，载《国外社会科学》，1997(02)。
②　龚玄：《论青少年网络道德失范及其治理》，硕士学位论文，中国青年政治学院，2009。
③　于航：《青少年网络道德问题及对策研究》，硕士学位论文，沈阳师范大学，2019。

者，而 14.5% 的学生曾经使用电子通信工具骚扰过别人。[①] 并且，受到不良网络文化的侵扰的青少年中，青少年女性面临的网络环境更加严峻，更容易成为网络中被辱骂和人肉搜索等暴力欺凌的对象。[②] 此外，Lwin 等人对新加坡 537 名青少年的网络骚扰进行了调查，发现 51% 的受访者声称遭受过网络欺凌。[③] 提升应对和解决网络暴力的能力，打造"清朗"的网络环境，成为青少年网络素养研究的重要话题。

1. 网络暴力的内涵与本质

法律界定中，暴力行为人实施暴力行为的时候都有明确的目的。所谓故意是指行为人明知采取暴力手段会造成被害人人身损害的后果，并且希望或放任这种结果发生的心理态度。暴力是一种故意行为，它具有现实性、残忍性，可以表现为追求或放任被害人受伤、死亡的结果发生。网络暴力，一般又称网络欺负、网络欺凌，是一种个人或群体使用信息传播技术（电子邮件、手机、短信、网站等）有意且重复地实施伤害他人的危害严重、影响恶劣的暴力形式，大概可以分为 7 种：情绪失控、网络骚扰、网络盯梢、网络诋毁、网络伪装、披露隐私和在线孤立。相对于现实社会中的暴力，网络暴力的特殊性在于借助了互联网这一传播媒介，传播速度更快，影响范围更广。

目前学界对于网络暴力内涵的界定尚未达成共识，学者们从描述性、实质性及辨析性角度出发，对网络暴力的内涵和实质进行界定和归纳。

对网络暴力的描述性界定：网民利用网络手段营造舆论，对他人进行道德审判和语言攻击、辱骂，甚至通过"人肉搜索"暴露个人隐私，从而对当事人的现实生活产生直接影响的行为。有些学者认为，网民的行为只要符合以下几个特征就是网络暴力：一是网民在意见表达中使用侮辱、谩骂与人身攻击等语言暴力，二是舆论对当事人构成直接或者间接伤害；三是表现为网民的群体性行为，是多数人对少数人意见的压制。[④]

对网络暴力的实质性界定：利用网络技术手段对当事人的名誉权、隐私权以及财

---

① Li Q., "New Bottle but Old Wine: A Research of Cyberbullying in Schools," *Computers in Human Behavior*, 2007, 23(04).

② 王琴：《网络文化安全视域下女性青少年媒介素养教育探析》，载《现代传播（中国传媒大学学报）》，2021(06)。

③ May O. Lwin, Benjamin Li, Rebecca P. Ang, "Stop Bugging Me: an Examination of Adolescents' Protection Behavior Against Online Harassment," *Journal of Adolescence*, 2012, 35(01).

④ 陈代波：《近年来我国网络暴力问题研究综述》，载《青少年犯罪问题》，2011(02)。

产权进行侵犯的群体性侵权行为。其实质是传统话语暴力的放大。①

对网络暴力的辨析性界定主要将网络暴力与舆论监督进行辨析，通常网络暴力事件的题材多为道德性事件，不具有代表性和公共性，以及其主体只是一部分网友，不能代表全体公众的意见。②

2. 网络暴力相关主体

（1）网络暴力的传播者

网络暴力的传播者可以说是网络暴力的发起者。网络暴力的传播者根据主观意图的不同可以分为故意的和无意的传播者两类。故意的传播者是指为了维护自身利益利用网络舆论强势去解决现实中无法解决的问题，有的则是出于道德、正义感替他人申诉。这部分人应该承担起网络暴力的主要责任。

有的网络暴力传播者的行为并不是故意的。通常他们是在不经意间做了一件具有轰动效应的事情。这种在无意间引起了大轰动的网络事件大量存在。无意的传播者在网络暴力事件中同样起着十分重要的负面作用。虽然无意的传播行为并不具有负面的动机，但是由于其盲目的参与而使网络暴力事件变得更加复杂，在客观上扩大了网络暴力事件的负面影响力，最终对当事人造成了更大的伤害。

（2）网络暴力的受害者

网络暴力的受害人一般是指网络暴力的当事人。在网络暴力事件当中，当事人在一波又一波的声讨中无处藏身，完全处于被动，受到的伤害从线上延伸至现实生活中，甚至从心理层面发展至生理层面。

网络暴力的受害者所承受的痛苦一大部分来源于群体压力，人天生就有一种对社会孤立的恐惧感，当个人被他所在的群体排斥时，通常会感到莫大的痛苦。群体对它所属的成员具有一种力量，对于群体的一般状况的偏离会面临强大的群体压力甚至受到严厉的制裁，这种恐惧感使得群体中的人产生合群的倾向，只有与群体保持一致才能消除个体的不安全感。尤其对于青少年群体来讲，心智的心理承受能力发育尚未成熟，对于这种孤独具有更强烈的恐惧，也更需要来自同龄群体对自己的接纳和认可以维持良好的心理状态。在众多网络暴力事件中，当事人往往成为群体压力的牺牲者。在舆论一边倒的网络空间中，当事人被孤立，并且这种孤立很快通过其他传统媒介延

---

① 张健挺：《网络暴力、信息自由与控制——传播速度的视角》，载《中国地质大学学报》（社会科学版），2009（05）。
② 刘锐：《"人肉搜索"与舆论监督、网络暴力之辨》，载《新闻记者》，2008（09）。

伸到现实生活。这个时候为了不被社会完全孤立，或者是由于被动的受制于社会的群体压力，当事人不得不做出违心的表态。在这样的情况下，当事人的权益就很难得到保护。

(3)网络暴力的旁观者

网络暴力的旁观者是指对网络事件有一定的接触，了解这一事实后，并不对其发表评论，也不刻意地去传播这些事件。网络暴力的旁观者是人数最多的一个群体。

旁观者旁观的原因是复杂的。一些网民在上网的过程中，更多地是想了解信息，但是参与程度很低，即使碰到一些热点话题，也只是对其进行了解，很少参与讨论。还有一些旁观者本身对相关的事件不感兴趣。另外一部分网民会综合考虑自身利益，最终因为害怕受到孤立等负面影响而选择保持沉默。

3. 网络暴力的特点与危害

(1)形式多样化

当今，网络信息以短视频、图片和文字等为主要传播方式。互联网技术的软、硬件发展极大地满足了新媒体传播的需求。因此，在这个背景下，网络暴力常以文字、图片和视频等多种形式相结合，对个人进行全方位的攻击。

(2)偶然性

网络暴力的产生有很大的偶然性。往往是因为某个帖子或网友的言论，引起网友们的巨大的反响，成为网络暴力事件的导火索。这种偶然性使得网民与事件之间没有直接的利害关系，仅仅是网民对网络事件中的失德行为的一种集体性讨伐。

(3)匿名性和不负责性

网络本身的匿名性决定了网络暴力的这一特点。网络暴力的参与者隐藏在网络里，以虚拟世界当作其保护伞。正是由于这种虚拟外衣的掩护，使得网民责任意识差，对自己的行为不负责任，随意发表观点，有意或无意地对他人实施网络暴力。

(4)现实性和侵犯性

网络暴力的参与者已经由非理性的攻击转向对暴力事件当事人的生活的骚扰。人们已经不再满足于在网络上对当事人进行语言的讨伐转而对当事人的生活进行直接的干预或者骚扰。对个人隐私权利的公然挑战，使得一些网络暴力行为逐渐变成一种犯罪行为。

(5)破坏性

网络暴力的破坏性是巨大的。一方面，它本身对事件的受害者带来了巨大的困扰。另一方面也是对人们道德体系的公然挑衅，对网络道德的巨大挑战。特别对于青少年群体来讲，青少年的生理和心理发育是循序渐进的，网络暴力对青少年的心理发育进程会产生极大的不良影响，不利于青少年形成正确的自我意识。网络暴力通过侵犯他人的行为来实现自我的成就动机，引起人们关注，是一种扭曲的自我意识。网络暴力削弱了青年对自身意识和行为的正确了解和判断，使得青年倾向于对暴力行为进行自我辩解，把暴力行为看作是义举，把网络暴民当成偶像。此外，网络暴力降低了青年对自身心理活动的觉知与调节能力，使青年更容易盲从、盲信网络舆论，加深了青年的从众心理。[①]　此外，网络暴力也会对青少年培养正确的社会态度和良好的人际关系产生不良影响。

（6）施暴组织化、专业化

当网络新产业迅猛发展时，施暴行为日益组织化和专业化。随着消费范围和边界的进一步扩展，商业领域的竞争变得更加激烈。在新媒体时代，网络暴力越来越多地被商业利益所驱动，呈现出显著的利益化、职业化和组织化特征。这种趋势下，网络暴力产业运营模式采取实体公司作为掩护，注册和运营大量社交平台。这些不法行为人非法向利益相关者收取巨额删帖费用，利用具有影响力的网络"大V"来聚集粉丝群体，同时策划鼓动网民和水军来制造混乱，扰乱舆论场。这种危害已经开始广泛蔓延，并对社会造成严重影响。

4. 网络暴力的成因

（1）媒介因素——网络技术风险特性

吉登斯指出："技术进步表现为积极力量，但它并不总是如此。科学技术的发展和风险问题紧密相关。"[②]互联网技术带来人类历史进步的同时也催生了风险和不确定性的产生。在互联网平台上，人们以虚拟身份出现，正是这种虚拟性和匿名性使施暴所要负的责任几乎是零。在这样的背景下，不少言论者放下现实羁绊而敢于言说。德国著名心理学家弗洛姆，曾经以《逃避自由》为题，探讨个人为了逃避责任和获得安全，而匿名加入群体后所表现出的暴虐和放纵，"如果这种暴虐得以假正义之名，则群体的放纵更会受到崇高感的鼓励而愈发膨胀，并最终导致群体暴力。"[③]同时，互联

---

①　霍晓丹：《网络暴力现象中的青年心理分析》，载《学校党建与思想教育》，2009(22)。

②　[英]安东尼·吉登斯：《第三条道路及其批评》，孙相东译，139页，北京，中共中央党校出版社，2002。

③　英恩：《网络暴力：骂声窒息自由》，载《软件工程师》，2006(12)。

网技术为信息的快速生成、传播和变异奠定了基础。① 海量的信息和高频次的信息互动革新了传统信息的中心扩散模式，导致信息的质量参差不齐，加大了人们识别真伪以及理性思考的难度，从而为网络暴力提供了绝佳的滋生温床。此外，网络平台的娱乐化和商业化，使得网络事件成为网民"吃瓜"取乐的源泉，由此带来大量的流量催生了商业机构为获取商业利益而进行进一步的炒作和渲染，催生了网络暴力的产生。

（2）社会因素——社会转型与社会环境变动

目前，我国正处于社会转型时期，经济快速发展，但也引发了个别社会问题。这些现实矛盾加剧了改革中的弱势群体的心理压力。不公平的增加、社会竞争的加剧以及生活节奏的加快导致人们的心理结构失衡，使得长期以来积压的消极情绪无法得到适当宣泄。同时，这些弱势群体的认同分化也进一步加剧，而网络事件往往成为引爆这些消极情绪的触发点。

（3）心理因素——消极的道德审判以及青少年特有的心理特征

道德判断指个人按照一定的道德规范，对一些个体或者群体的行为和事件进行是否符合道德标准，或者多大程度上符合道德标准的评价过程。② 也指个体依据社会的道德原则、规范，以及自发形成的道德价值观念，对自身或者他人的思想观念和行为活动所进行的是非、善恶的价值判断。道德判断要依据一定的道德标准，需针对明确的对象。它既是心理加工过程，又是心理加工结果。有学者提出中国是一个"泛道德主义"社会，③ 当社会中存在道德滑坡和道德缺失的现象时，网民容易产生消极的道德判断，从而站在道德的制高点上进行道德审判。这一心理作用因素是网络暴力产生的重要因素。

除此之外，由于青少年群体正处于心理快速发育的过程之中，当这一群体被卷入网络暴力事件中时，呈现出更加多样的心理因素与特征。在社会转型时期中青年存在心理上的相对剥夺感和逆反心理，相对剥夺感源于人们实际所有的东西不能达到他们自己认为应该获得的程度。具有相对剥夺感的人常常会产生以怨恨、恐惧、不信任感、不安全感等心理状态为基础，向态度改变相反方向变化的心理现象，即逆反心

---

① 姜方炳：《"网络暴力"：概念、根源及其应对——基于风险社会的分析视角》，载《浙江学刊》，2011（06）。

② Joshua Greene, "From Neural 'is' to Moral 'ought': What are the Moral Implications of Neuro-scientific Moral Psychology?," *Nature Reviews Neuroscience*, 2003（04）.

③ 陈代波：《近年来我国网络暴力问题研究综述》，载《青少年犯罪问题》，2011（02）。

理。① 随着网络的普及，我国社会矛盾的受众群体大为扩展，影响程度扩大，加之某些网络媒体追求新奇、轰动效果，采取歪曲事实、扩大阴暗面等行为，使得很多社会矛盾在网上被扩大化、严重化。同时，由于青年身心发展特点，普遍缺乏社会阅历和体验，不能深刻理解改革开放的复杂性和艰巨性，使得部分青少年只看到社会问题的消极面，对社会前景感到悲观，从而产生强烈的被剥夺感和逆反情绪。因此，网络上一旦发生刺激事件，青年的反应很容易趋向极端，不相信官方宣传、正面说法，而倾向于采取激烈的私人手段来解决问题。② 此外，网络匿名化使青少年群体在卷入网络暴力时，更容易获得自我辩解感。青少年成长意识强烈，希望在知识、能力、发展等方面得到成长，获得别人的好评，希望做出成就，获得更多关注和认可。同时青少年参与社会竞争时，由于经验、资源等方面的劣势，实现自身成就的结果和预期常常存在差距，使其容易产生挫折感。因此，部分青少年通过参与网络暴力来满足自己的成就动机，实现在现实生活中很难甚至不可能实现的目标。

(三) 网络规范认知与行为

随着科技的发展和互联网的普及，网民数量急剧增长。近年来，我国高度重视网络治理问题和网络法制建设，同时，也高度重视青少年群体在网络世界中的担当与责任问题。相较于老年群体，新型智能终端(如手机、平板电脑、智能手表等)在未成年群体中迅速普及，这也使得对于青少年群体的网络规范教育迫在眉睫。

1. 网络规范研究

早期的互联网研究者，将网络空间视为不需要干预和控制的虚拟环境，但随着人们生活方式的转变引起了人们行为方式的改变，使得如何规范人们在互联网中的行为问题成为互联网研究的一个重要方面。尤其是随着影响私人和公共网络基础设施以及人身财产安全的网络安全事件数量不断增加，引发了一场关于数字领域行为导向规则的辩论。③ 规范是指主体间对行为群体之间适当行为的共同理解和期望的集合。④ 与具有约束力的法律法规相比，它们表现出更大程度的自愿性。规范定义了合法的社会

---

① 罗石:《社会心理学》，261~262 页，北京，北京大学出版社，2008。

② 霍晓丹:《网络暴力现象中的青年心理分析》，载《学校党建与思想教育》，2009(22)。

③ Roger Hurwitz, "The Play of States: Norms and Security in Cyberspace," *American Foreign Policy Interests*, 2014, 36(05).

④ Annika Björkdahl, "Norms in International Relations: Some Conceptual and Methodological Reflections," *Cambridge Review of International Affairs*, 2002, 15(01).

目的，使行动主体的行为成为可能并受到约束。互联网规范研究以人在互联网中的行为规范为主要对象，包括人在互联网中的一切行为规范，既有人们在计算机技术和互联网开发和应用过程中的技术规范，也有人们在互联网中交往互动过程中的社会规范，涵盖了互联网伦理、互联网法律、互联网技术规范、互联网社交礼仪等众多内容。① 也有学者将完整的网络行为划分为网前行为、网上行为和网下行为，既包括在电子网络空间内展开的行为活动，也包括借助和依赖互联网络开展的行为。网前行为既是重要的网络行为，又是规范网上行为的重要前提；网上行为和网下行为互动转换日益增强，网上网下联动日趋明显。网络行为规范则是建立在这一完整系统之上的全链条覆盖。②

随着互联网不断渗入人类日常生活和生产之中，国内外对于互联网规范逐步积累了一定的研究成果。从国外来看，1985 年美国学者詹姆斯·摩尔的文章《什么是计算机伦理学》最早从伦理学角度研究了与计算机有关的人类行为规范问题。此后，对计算机与互联网引起的伦理问题的研究逐渐展开，如戴博拉·约翰逊的《计算机伦理学》，汤姆·福雷斯特和佩里·莫里森的《计算机伦理学：计算机学中的警示与伦理困境》以及美国学者理查德·A.斯皮内洛提出的"自由""无害"和"知情同意"三原则等。对互联网的发展带来的法律问题的研究也有很多，如劳伦斯·莱斯格的《代码 2.0：网络空间中的法律》，大卫·约翰斯顿等的《在线游戏规则：网络时代的 11 个法律问题》等。有些学者关注的是互联网的发展引起的社会结构的变革，从互联网对整个社会的影响出发进行研究，如曼纽尔·卡斯特的两部作品《网络社会的崛起》和《网络星河》。

面对互联网的迅速发展，许多学者也从互联网对人的生存方式、思维方式、发展方式等方面影响进行研究，如西奥多·罗斯扎克的《信息崇拜：计算机神话与真正的思维艺术》，尼葛洛庞蒂的《数字化生存》，雪莉·特克尔的《屏幕上的生活：因特网络时代的身份证明》等。此外国外也成立了众多研究机构，针对青少年网络行为展开调查和研究，较为著名的有美国布鲁克林计算机伦理协会、佐治亚州律师协会等。一些非政府主体的网络安全治理组织也随之成立，例如，全球网络安全稳定委员会（GCSC）继海牙战略研究中心（HCSS）和东西方研究所于 2016 年 8 月举行筹备会议

① 李伟：《互联网规范研究的回顾与前瞻》，载《重庆工商大学学报》（社会科学版），2018（06）。

② 王凤翔，申文静：《新时代的互联网络治理创新——从网上信息管理向规范网络行为转变》，载《新闻与写作》，2018（01）。

后，于 2017 年 2 月在慕尼黑安全会议期间正式成立。为了创建一个基于多方利益相关者的专家库，HCSS 和东西方研究所召集了 28 位不同地区的学者、首席执行官和政策制定者组成了 GCSC。该委员会的目的为"召集关键的全球利益攸关方制定规范和政策举措的建议，以改善网络空间的稳定和安全"，围绕促进信息交流、支持基础研究和倡导行动建议三大主题展开活动，并在 2017 年 2 月至 2019 年 11 月期间发布了八项规范，包括：(1)一个保护互联网公共核心的规范；(2)保护选举基础设施完整性的规范；(3)避免篡改的规范；(4)禁止将 ICT 设备征用为僵尸网络的规范；(5)国家建立脆弱性公平过程的规范；(6)减少和减轻重大漏洞的规范；(7)作为基本防御的基本网络卫生规范；(8)针对非国家行为体进攻性网络行动的规范。

国内对于互联网规范研究开展的时间较晚，从开始的翻译和引入国外研究成果，到逐渐开始独立研究，再到针对国内互联网突出问题，如知识产权保护、网络成瘾等专门性问题开展针对性研究，积累了一定的成果。随着跨学科的发展趋势，对于互联网行为规范也开始结合哲学、社会学、法学等研究视角进行进一步的研究。随着一些实际问题逐渐开始显现并日益尖锐，越来越多具有操作性的法律和规范发布，例如，我国第一部互联网安全领域的专门性法律《网络安全法》于 2016 年 11 月 7 日通过、2017 年 6 月 1 日正式实施，该法在保障网络空间安全、净化网络空间环境、促进网络产业发展等方面发挥了重要作用。网络空间执法能力不断加强，网络空间逐渐清朗健康，为国际网络空间治理提供中国方案。此外为了进一步规范网络主播从业行为，加强职业道德建设，促进行业健康有序发展，2022 年 6 月 22 日，国家广播电视总局、文化和旅游部共同联合发布《网络主播行为规范》。

然而随着网络信息技术日新月异，信息主体走向多元化，信息形式更新换代的速度加快，人工智能的加入不断改写着媒介生态规则。高速发展的同时世界各国的网民也需要不断面对新的挑战。而当下的研究更偏向于计算机和互联网的伦理学和法学研究方面，互联网伦理、互联网法律、互联网技术规范、互联网社交礼仪、互联网风俗习惯等其他方面研究成果不足。同时缺乏从传播学领域出发的系统性分析的概念体系，虽然人们已经注意到了概念分析在解决这些规范性问题中的重要性，如詹姆斯·摩尔就试图建立"一个前后一致的概念框架，在此框架中可以制定出指导行动的政策"①。但是，面对当下复杂的网络环境，依旧无法系统地应用于具体的研究和分析

---

① J. H. 穆尔，鲁旭东：《什么是计算机伦理学？》，载《哲学译丛》，1988(01)。

之中。

互联网安全日益凸显早已不单单是指网上信息安全，更包括通信网络、基础设施、关键技术、网络防御等在内的网络安全。要确保网络安全、国家安全，推动网信事业持续繁荣发展，提升国家治理能力、完善现代社会治理体系，从根本上需要规范每一个网民的网络行为，提高网民自我媒介素养，改善互联网发展管理的国内国际环境，具有重要而深远的意义。

2. 青少年网络规范研究

近年来，我国未成年网民规模在逐年递增，未成年人互联网普及率在逐年提高，未成年人首次触网年龄也在逐年下降。儿童时期的认知对一个人未成年阶段的思想和行为起到了决定性作用，甚至对其成年以后的心理认知都会有深远影响。成长于数字童年之中的新时代儿童由于其数字化的生长环境，思维和行为习惯有着全新的特点，同时又由于其本身不具有自我保护的能力，也面临着更多的挑战，需要来自家庭、学校以及社会等各方更加全面和有效的保护。青少年作为新一代互联网的"原住民"，成长于互联网环境带来了一定的积极意义，网络让生活更方便、促进社交、提供更多自由、开展富有想象力的工作、为教学和培训提供便利等。也有研究表明，青少年通过对社交网络的运用，有利于获得紧密连接型社会资本和桥接社会资本。但是网络作为一把双刃剑，也给青少年带来技术、社会、认知方面的困扰，包括网络成瘾、个人隐私泄露、信息焦虑等问题。

国外学者对青少年互联网行为的研究较为丰富。根据研究内容，可大致将相关研究分为以下几方面：青少年互联网行为的概况研究、青少年互联网行为差异的影响因素研究、青少年互联网行为的监管与引导研究以及青少年网络素养教育研究等。[①] 而我国相关研究起步较晚，且发展缓慢，在研究广度和深度、研究的质和量方面均有不足。在研究对象上，研究大学生互联网行为的较多，而对中小学学生及社会青年的互联网行为研究较少；在研究内容上，主要集中于青少年互联网行为的基本数据的统计分析，如互联网行为场所、目的、类别、频率等，而对研究对象的个体差异对网络行为的影响分析较少；在研究样本上，普遍存在研究样本量小，影响了研究结果的客观性和普遍性；在研究的学科支撑上，体现社会学、心理学、传播学、政治学等多学科理论支撑的研究很少，研究结果的客观性、科学性有限。

---

① 袁海萍：《国外青年互联网行为研究及借鉴》，载《青年研究》，2016(01)。

2001 年 11 月 22 日，共青团中央、教育部、文化部、国务院新闻办公室、全国青联、全国学联、全国少工委、中国青少年网络协会联合召开发布会，向社会正式发布《全国青少年网络文明公约》，这标志着我国青少年有了较为完备的网络行为规范。《全国青少年网络文明公约》对青少年提出了"要善于网上学习，不浏览不良信息；要诚实友好交流，不侮辱欺诈他人；要增强自护意识，不随意约会网友；要维护网络安全，不破坏网络秩序；要有益身心健康，不沉溺虚拟时空"的上网规范和要求。新加坡政府非常注重培养青少年的自发自觉的网络道德意识，尤其是通过传统道德教育，增强青少年网络使用的自律性，促进"慎独"精神在网络中延伸。[1] 2021 年 9 月我国印发《中国儿童发展纲要（2021—2030 年）》，要求加强未成年人网络保护，落实政府、企业、学校、家庭、社会保护责任，为儿童提供安全、健康的网络环境，保障儿童在网络空间的合法权益。

近几年，随着手游的发展，青少年玩手游和游戏消费现象日益严重。中国青少年网络协会第三次网瘾调查研究报告显示，我国城市青少年网民中，网瘾青少年超过 2400 万人，还有 1800 多万青少年有网瘾倾向。[2] 在游戏世界中，青少年能够获得内心成就感，但同时，过度沉迷游戏会使青少年的思想发展和行为模式受到不良影响，对网络世界产生依赖性，阻碍其大脑的生理性发展和心理健康。[3] 2021 年，我国针对青少年网络沉迷和过度游戏消费的问题，发布《关于进一步严格管理切实防止未成年人沉迷网络游戏的通知》，严格限制未成年人的网络游戏时间，并且不得向未实名注册和登录的用户提供游戏服务。

除了网络游戏，从 2016 年开始兴起的网络直播也吸引了青少年的兴趣，大批青少年网民成了网络直播的粉丝或内容创作者。网络直播发展初期，未成年人网络主播低俗直播事件频频发生，2017 年，美拍被媒体曝光有小学生进行不雅直播。随后，美拍关闭所有认证为未成年人用户的直播权限，国家网信办责令其进行全面整改。随着社会的关注和直播市场的成熟，大多数直播平台已经对未成年人网络直播进行了严格限制。直播平台对未成年人直播行为持两种态度，一类为坚决否定的态度，严禁未成

---

① 赵翔：《新加坡青少年网络道德教育及其启示》，载《武汉市教育科学研究院学报》，2007（02）。

② 李晓宏：《网瘾也是精神疾病》，载《人民日报》，2013-09-27。

③ 庹继光，寒莉：《从强制性规范到倡导性规范：网络媒体对青少年的责任与担当——以网络安全法第十三条为中心的考察》，载《中国记者》，2018（07）。

年人注册成为主播；另一类则态度较为柔和，在其监护人同意的情况下允许未成年人进行直播，其直播行为由其监护人负责。如今关于未成年人网络直播缺乏统一的立法规定，直播平台规章、行业自律公约、地方立法的共同调整造成了未成年人直播市场的不规范。《未成年人保护法》增设"网络保护"专章，以保障和引导未成年人合理、健康使用网络为原则，对未成年人使用网络进行了全方位保护，也为未成年人依法进行网络直播建立了保障体系。但是，目前我国直播行业鱼龙混杂，不少主播为了博眼球、吸引流量，诱导青少年转发、打赏。而青少年群体身心发育尚未成熟，缺乏足够的判断和自制能力，很容易受到外界影响，因此淫秽、暴力、色情等信息会对青少年产生巨大危害。

要促使互联网在青少年成长中发挥积极作用，政府应利用各种途径引导青少年认识到网络信息的庞杂性、网络交友和游戏的虚幻性、网络上瘾的危害性，使得青少年具有区分现实与虚拟世界的意识和能力，自觉抵御网络空间的负面影响。并且，政府应监督网络平台等相关主体自觉承担起社会责任，从"外在管理"转化为"内在治理"，即从他律升华为自律。

习近平总书记也提出要从传统文化和传统道德中汲取力量，积极引导网络道德建设，"要深入挖掘和阐发中华优秀传统文化讲仁爱、重民本、守诚信、崇正义、尚合和、求大同的时代价值，使中华优秀传统文化成为涵养社会主义核心价值观的重要源泉"。面对日益复杂的数字媒介环境，作为网络重要行为主体的青少年更应该加强培育媒介素养，自觉约束规范言谈和行为，为自己在网络空间的言行负责，推进网络依法规范有序运行，为网络空间的治理与维护尽一份力。

网络价值认知与行为作为网络素养的重要组成部分，是为了使青少年在使用互联网时，不仅能娴熟地使用网上资源，还能合法、合规地约束自己的网络行为，正确认识与网络信息有关的道德、伦理等知识。

二、网络价值认知与行为能力的构成和影响因素

(一) 研究框架

通过文献梳理和前测考察，我们把网络价值认知与行为能力指标划分为 3 个一级

指标：网络规范认知、网络暴力认知、网络行为规范。（见表 7-1）

表 7-1　网络价值认知与行为能力指标体系

维度	一级指标	项数
网络价值认知与行为能力	网络规范认知	5
	网络暴力认知	7
	网络行为规范	4

我们构建了关于"网络价值认知与行为能力"的问题量表如下。

· 我认为网上的抄袭和盗版现象应该被重视（网络规范认知）。

· 在使用网上内容时，我会注明信息来源（网络规范认知）。

· 我认为个人在网上的发言也要考虑社会影响（网络规范认知）。

· 我认为对自己的网络言行也应当负责（网络规范认知）。

· 我认为在网络空间要做到"己所不欲，勿施于人"（网络规范认知）。

· 我认为在网上曝光他人的隐私信息是很正常的事情（网络暴力认知）。

· 我曾在网络上公开过其他人的隐私（网络暴力认知）。

· 我在论坛或社交媒体上辱骂攻击过其他人（网络暴力认知）。

· 在网络事件未明确真相之前，我发表过对当事人的过激言论（网络暴力认知）。

· 我使用网络向他人发送过伤害性、威胁性或过分暧昧的言语（网络暴力认知）。

· 我制作或传播过网络病毒，用以骚扰、攻击他人（网络暴力认知）。

· 我在网上传播过色情、暴力、怪异内容等（网络暴力认知）。

· 我认为网络是虚拟空间，不必像在现实生活中一样严格规范自己（网络行为规范）。

· 在不确定信息的真实性之前，我曾将它们分享到社交媒体（网络行为规范）。

· 我喜欢在网上传播娱乐八卦和小道消息（网络行为规范）。

· 我转借或共享过自己的网络平台账号（网络行为规范）。

(二) 网络价值认知与行为能力信效度检验

经过信度和效度检验，网络价值认知与行为能力的克隆巴赫 Alpha 系数为 0.905，且一级指标网络规范认知、网络暴力认知、网络行为规范的克隆巴赫 Alpha 系数均大于 0.7，信度较好（见表 7-2）；巴特利特球形度检验的显著性为 0.000，小于 0.05，因而可以认为相关系数的矩阵与单位矩阵有显著性差异；KMO 值为 0.916，大于 0.6，原有的变量具有较好的研究效度(见表7-3)。网络价值认知与行为能力3个主成分累积方差贡献率为70.647%，且成分矩阵显示各指标划分维度与设定的一级指标维度相吻合，因此能较好地反映网络价值认知与行为能力情况。

表7-2 网络价值认知与行为能力可靠性分析

维度	指标	克隆巴赫 Alpha 系数	项数
网络价值认知与行为能力	总体	0.905	16
	网络规范认知	0.842	5
	网络暴力认知	0.952	7
	网络行为规范	0.818	4

表7-3 网络价值认知与行为能力 KMO 取样适切性量数和巴特利特球形度检验

KMO 取样适切性量数		0.916
巴特利特球形度检验	近似卡方	113998.804
	自由度	120
	显著性	0.000

(三)网络价值认知与行为能力得分

在网络价值认知与行为能力方面，青少年对网络暴力认知得分最高，网络规范认知次之，而对网络行为规范得分最低，这表明亟待加强网络行为规范方面的教育(见表7-4)。

表7-4 网络价值认知与行为能力指标体系得分

维度	一级指标	得分(5分制)
网络价值认知与行为能力	网络规范认知	3.83
	网络暴力认知	4.17
	网络行为规范	3.78

(四)影响青少年网络价值认知与行为能力的因素分析

1. 个人属性影响因素分析

对于网络价值认知与行为能力维度，不同性别之间的网络规范认知、网络暴力认知和网络行为规范指标数值均有显著差异(Sig. <0.001),且不同性别的网络暴力认知差异最大。女生的网络规范认知、网络暴力认知与网络行为规范水平均明显高于男生(见表7-5、图7-1)。

表7-5　性别——网络价值认知与行为能力维度差异检验

指标	性别	N	Mean	SD	F	Sig.	偏 η^2
网络规范认知	男	4608	3.78	0.857	26.914	0.000	0.003
	女	4517	3.87	0.811			
网络暴力认知	男	4608	4.04	1.011	176.808	0.000	0.019
	女	4517	4.30	0.841			
网络行为规范	男	4608	3.69	0.969	96.582	0.000	0.010
	女	4517	3.88	0.845			

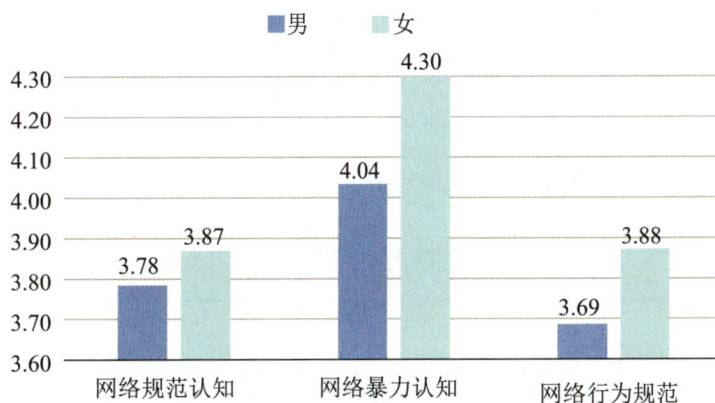

图7-1　性别——网络价值认知与行为能力维度(5分制)

对于网络价值认知与行为能力维度,不同年级的青少年在网络规范认知、网络暴力认知和网络行为规范方面的表现均有显著差异(Sig. <0.01),且不同年级的网络暴力认知差异更大。初中生的网络暴力认知和网络行为规范水平明显高于高中生,高年级的初、高中生网络规范认知水平明显高于低年级学生(见表7-6、图7-2)。

表7-6　年级——网络价值认知与行为能力维度差异检验

指标	年级	N	Mean	SD	F	Sig.	偏 η^2
网络规范认知	七年级	1961	3.79	0.868	3.006	0.010	0.002
	八年级	1866	3.87	0.820			
	九年级	1813	3.82	0.865			
	高一	1470	3.80	0.795			
	高二	1219	3.85	0.798			
	高三	796	3.86	0.847			
网络暴力认知	七年级	1961	4.27	0.937	19.055	0.000	0.010
	八年级	1866	4.24	0.911			
	九年级	1813	4.20	0.916			
	高一	1470	4.07	0.930			
	高二	1219	4.00	0.988			
	高三	796	4.09	0.958			
网络行为规范	七年级	1961	3.84	0.943	10.369	0.000	0.006
	八年级	1866	3.83	0.906			
	九年级	1813	3.84	0.912			
	高一	1470	3.71	0.855			
	高二	1219	3.66	0.936			
	高三	796	3.75	0.917			

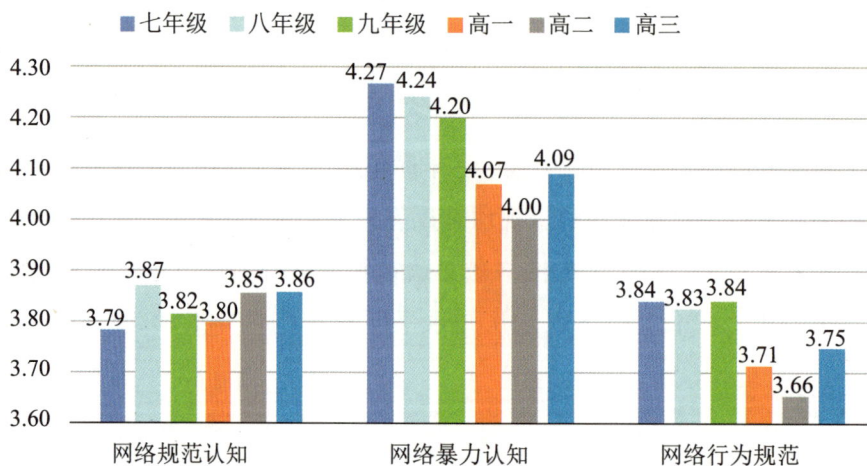

图7-2　年级——网络价值认知与行为能力维度(5分制)

对于网络价值认知与行为能力维度，不同成绩的青少年网络规范认知、网络暴力认知和网络行为规范能力均有显著差异（Sig. <0.001）。成绩越好的青少年，网络规范认知、网络暴力认知和网络行为规范能力表现越好（见表7-7、图7-3）。

表7-7 成绩——网络价值认知与行为能力维度差异检验

指标	成绩	N	Mean	SD	F	Sig.	偏 η^2
网络规范认知	下游	1435	3.68	0.913	84.617	0.000	0.018
	中等	5315	3.79	0.810			
	优秀	2375	4.01	0.814			
网络暴力认知	下游	1435	4.03	1.010	23.607	0.000	0.005
	中等	5315	4.17	0.913			
	优秀	2375	4.24	0.946			
网络行为规范	下游	1435	3.66	0.958	18.636	0.000	0.004
	中等	5315	3.79	0.883			
	优秀	2375	3.84	0.950			

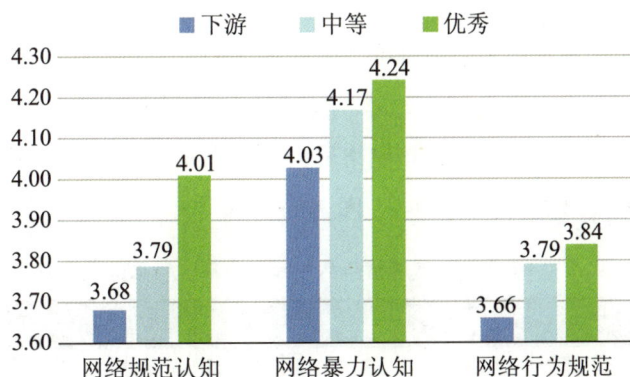

图7-3 成绩——网络价值认知与行为能力维度（5分制）

对于网络价值认知与行为能力维度，不同户口类型青少年的网络规范认知、网络暴力认知和网络行为规范能力水平均有显著差异（Sig. <0.01），且不同户口类型青少年的网络规范认知水平差异更大。城市户口的青少年网络规范认知、网络暴力认知和网络行为规范能力水平明显高于农村户口的青少年（见表7-8、图7-4）。

表 7-8　户口类型——网络价值认知与行为能力维度差异检验

指标	户口类型	N	Mean	SD	F	Sig.	偏 η^2
网络规范认知	城市	4925	3.91	0.842	110.791	0.000	0.012
	农村	4200	3.73	0.817			
网络暴力认知	城市	4925	4.20	0.948	10.638	0.001	0.001
	农村	4200	4.13	0.930			
网络行为规范	城市	4925	3.81	0.938	8.483	0.004	0.001
	农村	4200	3.75	0.885			

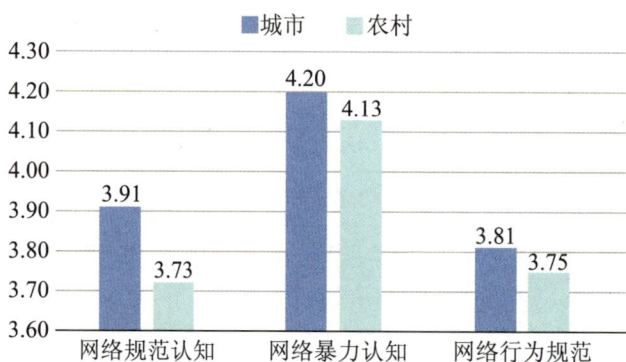

图 7-4　户口类型——网络价值认知与行为能力维度(5 分制)

对于网络价值认知与行为能力维度,不同地区的青少年网络规范认知、网络暴力认知和网络行为规范水平均有显著差异(Sig. <0.05)。东部地区的青少年网络规范认知水平明显更高,中部地区的青少年网络暴力认知水平明显更高,西部地区的青少年网络行为规范水平明显更高(见表 7-9、图 7-5)。

表 7-9　地区——网络价值认知与行为能力维度差异检验

指标	地区	N	Mean	SD	F	Sig.	偏 η^2
网络规范认知	东部	3063	3.91	0.841	53.898	0.000	0.012
	中部	2105	3.90	0.759			
	西部	3957	3.73	0.859			
网络暴力认知	东部	3063	4.12	0.996	10.078	0.000	0.002
	中部	2105	4.24	0.872			
	西部	3957	4.16	0.927			
网络行为规范	东部	3063	3.75	0.953	3.537	0.029	0.001
	中部	2105	3.78	0.861			
	西部	3957	3.81	0.911			

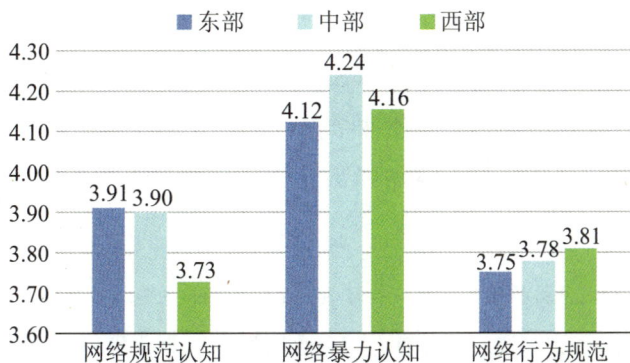

图 7-5 地区——网络价值认知与行为能力维度(5 分制)

对于网络价值认知和行为能力维度,青少年日均上网时长对网络暴力认知和网络行为规范有显著影响(Sig. <0.001),对网络规范认知无显著影响。日均上网时长越短的青少年在网络暴力认知和网络行为规范方面表现越好(见表 7-10、图 7-6)。

表 7-10 日均上网时长——网络价值认知与行为能力维度差异检验

指标	日均上网时长	N	Mean	SD	F	Sig.	偏 η^2
网络暴力认知	1 个小时以下	3758	4.23	0.920	39.950	0.000	0.013
	1~3 个小时	3800	4.18	0.911			
	3~5 个小时	969	4.09	0.925			
	5 个小时以上	598	3.80	1.156			
网络行为规范	1 个小时以下	3758	3.88	0.901	60.695	0.000	0.020
	1~3 个小时	3800	3.79	0.878			
	3~5 个小时	969	3.64	0.918			
	5 个小时以上	598	3.39	1.070			

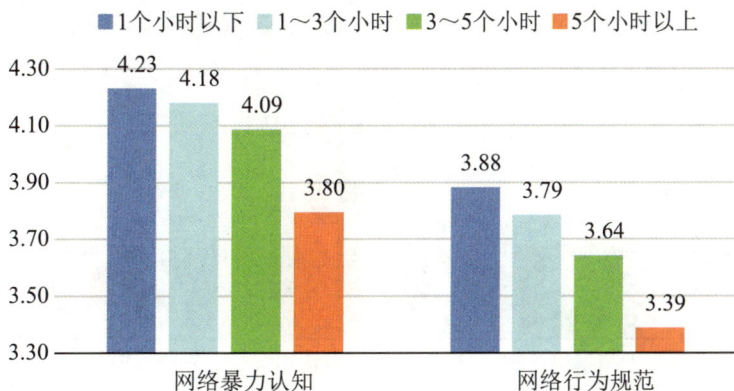

图 7-6 日均上网时长——网络价值认知与行为能力维度(5 分制)

对于网络价值认知与行为能力维度，网络技能熟练度对网络规范认知、网络暴力认知和网络行为规范指标均有显著影响（Sig. <0.001），且不同网络技能熟练度青少年的网络规范认知差异更大。网络技能非常熟练的青少年在网络规范认知方面表现最好，网络技能不熟练的青少年在网络暴力认知和网络行为规范方面表现最好（见表7-11、图7-7）。

表 7-11　网络技能熟练度——网络价值认知与行为能力维度差异检验

指标	网络技能熟练度	N	Mean	SD	F	Sig.	偏 η^2
网络规范认知	非常不熟练	685	3.77	1.014	75.994	0.000	0.032
	不熟练	559	3.71	0.850			
	一般	2918	3.67	0.785			
	比较熟练	2511	3.83	0.762			
	非常熟练	2452	4.05	0.858			
网络暴力认知	非常不熟练	685	4.11	1.076	5.129	0.000	0.002
	不熟练	559	4.23	0.879			
	一般	2918	4.18	0.853			
	比较熟练	2511	4.21	0.836			
	非常熟练	2452	4.11	1.095			
网络行为规范	非常不熟练	685	3.79	1.047	12.293	0.000	0.005
	不熟练	559	3.93	0.847			
	一般	2918	3.83	0.792			
	比较熟练	2511	3.79	0.811			
	非常熟练	2452	3.69	1.098			

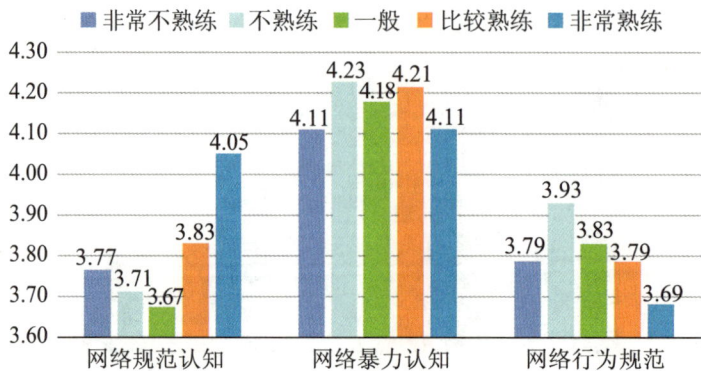

图 7-7　网络技能熟练度——网络价值认知与行为能力维度(5分制)

2. 家庭属性影响因素分析

对于网络价值认知与行为能力维度，父亲学历对网络规范认知、网络暴力认知和网络行为规范指标均有显著影响（Sig. <0.001）。父亲学历较高的青少年3个指标方面表现相对更好（见表7-12、图7-8）。

表7-12　父亲学历——网络价值认知与行为能力维度差异检验

指标	父亲学历	N	Mean	SD	F	Sig.	偏 η^2
网络规范认知	小学	831	3.60	0.809	24.521	0.000	0.016
	初中	2618	3.75	0.821			
	高中/中专/技校	2349	3.86	0.822			
	大专	1264	3.92	0.808			
	本科	1655	3.93	0.843			
	硕士及以上	327	3.97	0.973			
网络暴力认知	小学	831	4.04	0.950	5.463	0.000	0.004
	初中	2618	4.15	0.923			
	高中/中专/技校	2349	4.20	0.924			
	大专	1264	4.21	0.912			
	本科	1655	4.21	0.949			
	硕士及以上	327	4.05	1.156			
网络行为规范	小学	831	3.68	0.888	4.121	0.000	0.003
	初中	2618	3.77	0.883			
	高中/中专/技校	2349	3.81	0.906			
	大专	1264	3.81	0.909			
	本科	1655	3.84	0.939			
	硕士及以上	327	3.70	1.124			

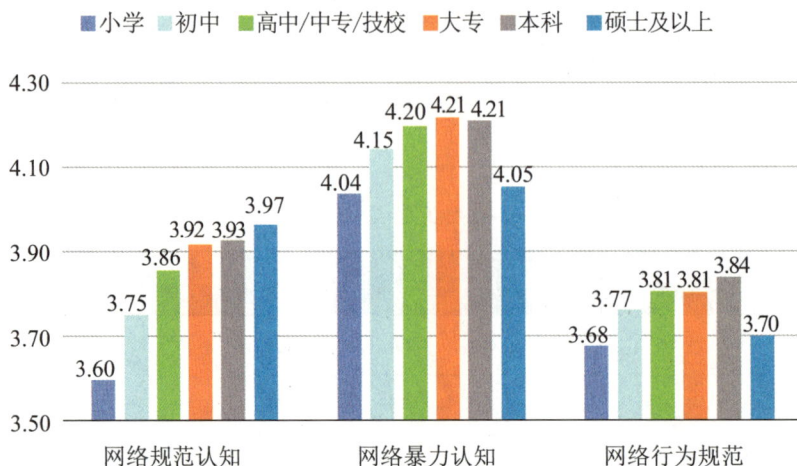

图 7-8　父亲学历——网络价值认知与行为能力维度(5 分制)

对于网络价值认知与行为能力维度，母亲学历对网络规范认知、网络暴力认知和网络行为规范指标均有显著影响(Sig. <0.001)。母亲学历越高的青少年网络规范认知表现越好；母亲学历为硕士的青少年，网络暴力认知和网络行为规范表现明显较差(见表 7-13、图 7-9)。

表 7-13　母亲学历——网络价值认知与行为能力维度差异检验

指标	母亲学历	N	Mean	SD	F	Sig.	偏 η^2
网络规范 认知	小学	1228	3.63	0.835	29.925	0.000	0.019
	初中	2608	3.76	0.820			
	高中/中专/技校	2175	3.87	0.805			
	大专	1244	3.91	0.828			
	本科	1488	3.97	0.835			
	硕士及以上	263	4.01	0.977			
网络暴力 认知	小学	1228	4.08	0.915	6.282	0.000	0.004
	初中	2608	4.17	0.914			
	高中/中专/技校	2175	4.16	0.949			
	大专	1244	4.22	0.931			
	本科	1488	4.24	0.938			
	硕士及以上	263	4.01	1.187			

续表

指标	母亲学历	N	Mean	SD	F	Sig.	偏 η^2
网络行为规范	小学	1228	3.72	0.860	7.229	0.000	0.005
	初中	2608	3.80	0.885			
	高中/中专/技校	2175	3.76	0.914			
	大专	1244	3.84	0.916			
	本科	1488	3.86	0.949			
	硕士及以上	263	3.60	1.169			

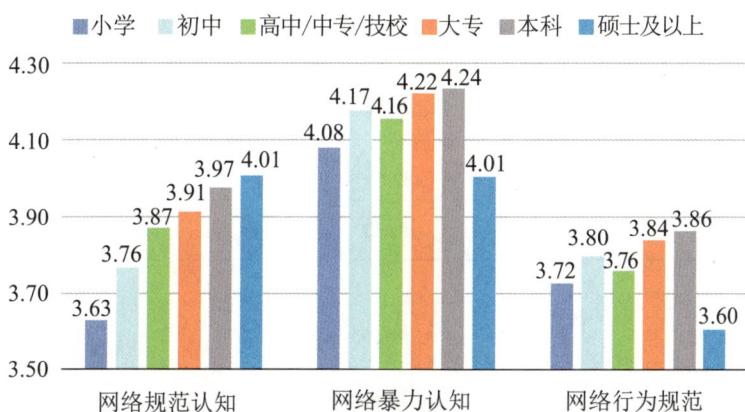

图 7-9 母亲学历——网络价值认知与行为能力维度(5分制)

对于网络价值认知与行为能力维度,家庭收入水平对网络规范认知、网络暴力认知和网络行为规范指标均有显著影响(Sig. <0.001)。家庭收入水平越高的青少年网络规范认知表现越好,家庭收入中等水平的青少年网络暴力认知和网络行为规范表现最好(见表7-14、图7-10)。

表7-14 家庭收入水平——网络价值认知与行为能力维度差异检验

指标	家庭收入水平	N	Mean	SD	F	Sig.	偏 η^2
网络规范认知	低收入水平	594	3.56	0.908	31.462	0.000	0.014
	中等偏下收入水平	1612	3.73	0.805			
	中等收入水平	5126	3.85	0.807			
	中等偏上收入水平	1584	3.93	0.883			
	高收入水平	209	4.06	0.939			

指标	家庭收入水平	N	Mean	SD	F	Sig.	偏 η^2
网络暴力认知	低收入水平	594	3.99	1.015	23.375	0.000	0.010
	中等偏下收入水平	1612	4.10	0.929			
	中等收入水平	5126	4.23	0.891			
	中等偏上收入水平	1584	4.15	0.996			
	高收入水平	209	3.74	1.274			
网络行为规范	低收入水平	594	3.66	0.950	19.493	0.000	0.008
	中等偏下收入水平	1612	3.76	0.874			
	中等收入水平	5126	3.83	0.876			
	中等偏上收入水平	1584	3.76	0.989			
	高收入水平	209	3.33	1.240			

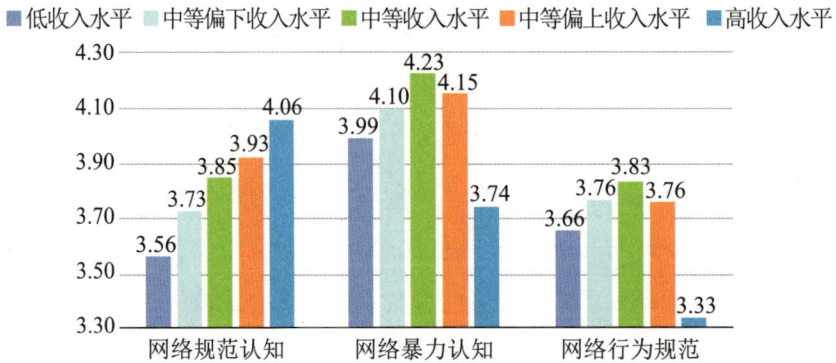

图 7-10　家庭收入水平——网络价值认知与行为能力维度(5 分制)

对于网络价值认知与行为能力维度，与父母讨论网络内容的频率对网络规范认知、网络暴力认知和网络行为规范指标均有显著影响(Sig. <0.001)。与父母讨论网络内容越频繁的青少年，网络规范认知表现越好；经常与父母讨论网络内容的青少年，网络暴力认知和网络行为规范表现最差(见表 7-15、图 7-11)。

表 7-15 与父母讨论网络内容频率——网络价值认知与行为能力维度差异检验

指标	与父母讨论网络内容频率	N	Mean	SD	F	Sig.	偏 η^2
网络规范认知	几乎不	1600	3.75	0.884	15.271	0.000	0.003
	有时	5591	3.82	0.795			
	经常	1934	3.91	0.902			
网络暴力认知	几乎不	1600	4.20	0.925	28.005	0.000	0.006
	有时	5591	4.21	0.883			
	经常	1934	4.02	1.088			
网络行为规范	几乎不	1600	3.81	0.907	13.205	0.000	0.003
	有时	5591	3.81	0.859			
	经常	1934	3.69	1.059			

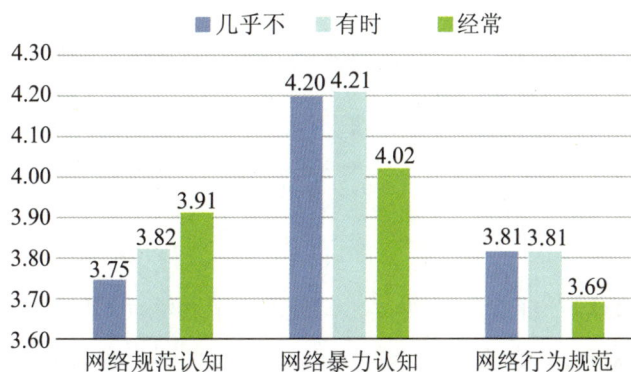

图 7-11 与父母讨论网络内容频率——网络价值认知与行为能力维度(5分制)

对于网络价值认知与行为能力维度,与父母亲密程度对网络规范认知、网络暴力认知和网络行为规范指标均有显著影响(Sig. <0.001)。与父母越亲密的青少年,3个指标表现越好(见表7-16、图7-12)。

表 7-16 与父母亲密程度——网络价值认知与行为能力维度差异检验

指标	与父母亲密程度	N	Mean	SD	F	Sig.	偏 η^2
网络规范认知	不亲密	218	3.73	1.000	48.801	0.000	0.011
	一般	3458	3.72	0.810			
	非常亲密	5449	3.90	0.838			

续表

指标	与父母 亲密程度	N	Mean	SD	F	Sig.	偏 η^2
网络暴力 认知	不亲密	218	3.77	1.138	36.639	0.000	0.008
	一般	3458	4.10	0.901			
	非常亲密	5449	4.22	0.949			
网络行为 规范	不亲密	218	3.45	1.052	35.863	0.000	0.008
	一般	3458	3.72	0.853			
	非常亲密	5449	3.84	0.940			

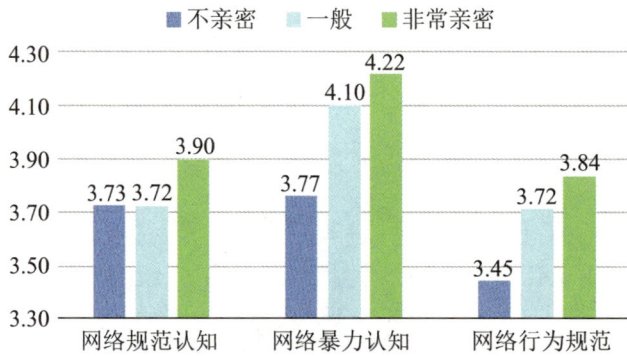

图 7-12　与父母亲密程度——网络价值认知与行为能力维度(5 分制)

对于网络价值认知与行为能力维度，父母干预上网活动的频率对网络规范认知和网络暴力认知指标有显著影响(Sig. <0.01)。父母几乎不干预上网活动的青少年，网络规范认知和网络暴力认知表现更好(见表 7-17、图 7-13)。

表 7-17　父母干预上网活动频率——网络价值认知与行为能力维度差异检验

指标	父母干预上网 活动频率	N	Mean	SD	F	Sig.	偏 η^2
网络规范 认知	几乎没有	1422	3.94	0.885	16.546	0.000	0.004
	偶尔	5142	3.81	0.811			
	经常	2561	3.80	0.851			
网络暴力 认知	几乎没有	1422	4.22	0.968	5.041	0.006	0.001
	偶尔	5142	4.17	0.909			
	经常	2561	4.13	0.982			

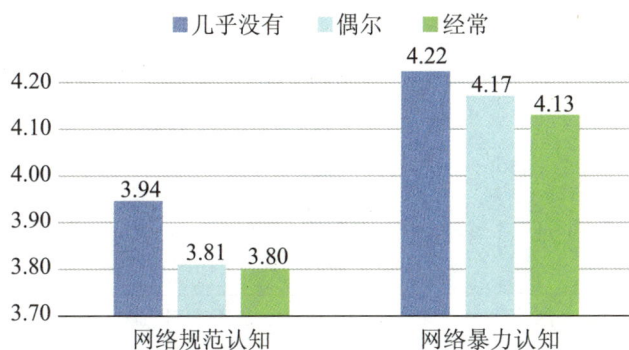

图 7-13 父母干预上网活动频率——网络价值认知与行为能力维度(5 分制)

3. 学校属性影响因素分析

学校是否开设网络课程对青少年网络规范认知、网络暴力认知和网络行为规范指标均有显著影响(Sig. <0.001)。学校开设了相关课程的青少年 3 个指标均表现更好(见表 7-18、图 7-14)。

表 7-18 学校是否开设网络课程——网络价值认知与行为能力维度差异检验

指标	学校是否开设网络课程	N	Mean	SD	F	Sig.	偏 η^2
网络规范认知	是	7661	3.86	0.821	85.263	0.000	0.009
	否	1464	3.64	0.887			
网络暴力认知	是	7661	4.19	0.931	38.692	0.000	0.004
	否	1464	4.03	0.973			
网络行为规范	是	7661	3.80	0.913	18.359	0.000	0.002
	否	1464	3.69	0.918			

对于网络价值认知与行为能力维度,网络课程收获程度对网络规范认知、网络暴力认知和网络行为规范指标均有显著影响(Sig. <0.001)。网络课程收获很大的青少年3 个指标表现明显更好(见表 7-19、图 7-15)。

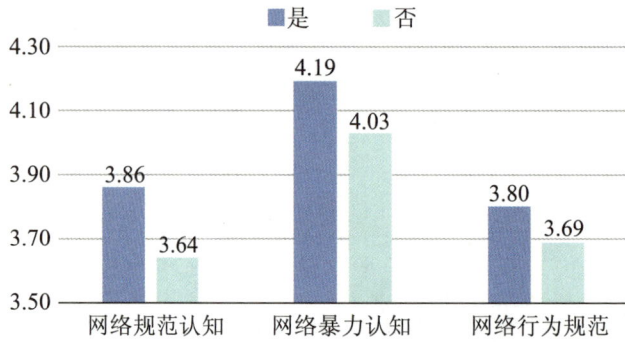

图 7-14　学校是否开设网络课程——网络价值认知与行为能力维度(5 分制)

表 7-19　网络课程收获程度——网络价值认知与行为能力维度差异检验

指标	网络课程收获程度	N	Mean	SD	F	Sig.	偏 η^2
网络规范认知	几乎没有收获	317	3.87	0.801	55.309	0.000	0.014
	有些收获	3921	3.77	0.785			
	收获很大	3423	3.97	0.850			
网络暴力认知	几乎没有收获	317	3.96	1.067	12.641	0.000	0.003
	有些收获	3921	4.18	0.864			
	收获很大	3423	4.23	0.986			
网络行为规范	几乎没有收获	317	3.55	1.019	29.071	0.000	0.008
	有些收获	3921	3.76	0.830			
	收获很大	3423	3.88	0.982			

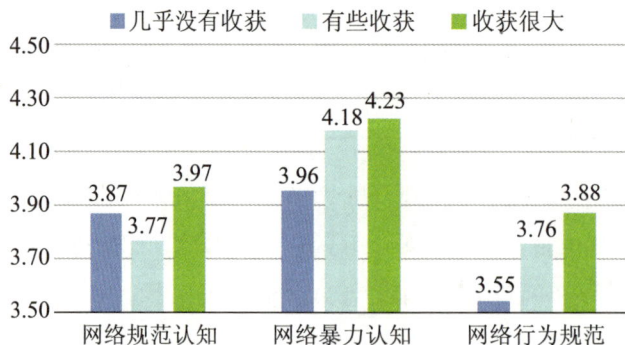

图 7-15　网络课程收获程度——网络价值认知与行为能力维度(5 分制)

对于网络价值认知和行为能力维度，与同学讨论网络内容频率对网络规范认知、网络暴力认知和网络行为规范指标均有显著影响(Sig. <0.001)。经常与同学讨论网络

内容的青少年，网络规范认知表现更好，网络行为规范表现更差；有时与同学讨论网络内容的青少年，网络暴力认知表现更好（见表 7-20、图 7-16）。

表 7-20　与同学讨论网络内容频率——网络价值认知与行为能力维度差异检验

指标	与同学讨论网络内容频率	N	Mean	SD	F	Sig.	偏 η^2
网络规范认知	几乎不	451	3.56	0.986	55.306	0.000	0.012
	有时	4554	3.77	0.798			
	经常	4120	3.92	0.848			
网络暴力认知	几乎不	451	4.13	1.008	37.599	0.000	0.008
	有时	4554	4.25	0.837			
	经常	4120	4.08	1.028			
网络行为规范	几乎不	451	3.87	0.967	63.104	0.000	0.014
	有时	4554	3.88	0.818			
	经常	4120	3.67	0.993			

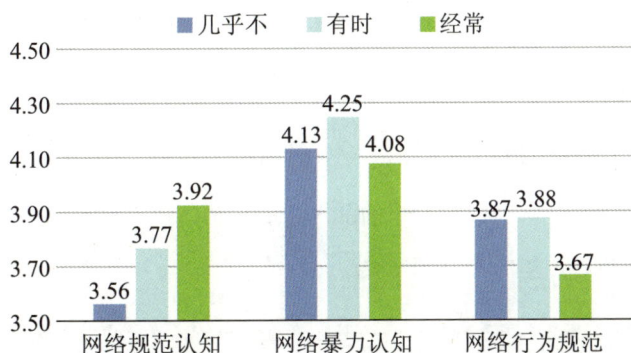

图 7-16　与同学讨论网络内容频率——网络价值认知与行为能力维度（5 分制）

对于网络价值认知与行为能力维度，学校有无移动设备管理规定对网络规范认知、网络暴力认知和网络行为规范指标均有显著影响（Sig. <0.001）。学校有移动设备管理规定的青少年 3 个方面表现明显更好（见表 7-21、图 7-17）。

表 7-21　学校有无移动设备管理规定——网络价值认知与行为能力维度差异检验

指标	学校有无移动设备管理规定	N	Mean	SD	F	Sig.	偏 η^2
网络规范认知	是	8285	3.85	0.826	51.382	0.000	0.006
	否	840	3.63	0.900			
网络暴力认知	是	8285	4.18	0.933	24.734	0.000	0.003
	否	840	4.01	0.997			
网络行为规范	是	8285	3.80	0.911	20.155	0.000	0.002
	否	840	3.65	0.939			

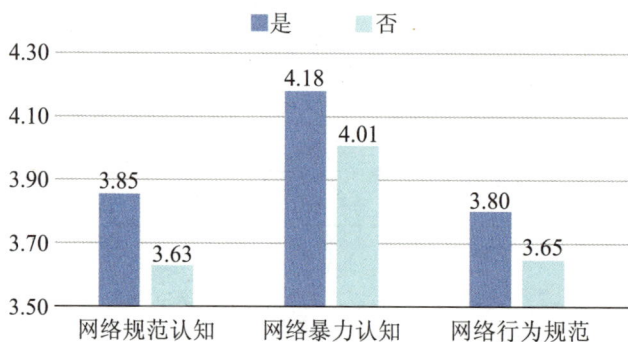

图 7-17　学校有无移动设备管理规定——网络价值认知与行为能力维度(5 分制)

对于网络价值认知和行为能力维度，上课使用手机频率对网络规范认知、网络暴力认知和网络行为规范指标均有显著影响($Sig. < 0.001$)。上课从未使用手机的青少年3 个指标表现均更好(见表 7-22、图 7-18)。

表 7-22　上课使用手机频率——网络价值认知与行为能力维度差异检验

指标	上课使用手机频率	N	Mean	SD	F	Sig.	偏 η^2
网络规范认知	从未使用	6993	3.85	0.821	7.100	0.000	0.002
	不经常使用	742	3.74	0.834			
	有时候使用	913	3.75	0.859			
	经常使用	477	3.79	0.974			

续表

指标	上课使用手机频率	N	Mean	SD	F	Sig.	偏 η^2
网络暴力认知	从未使用	6993	4.23	0.888	67.163	0.000	0.022
	不经常使用	742	4.04	0.959			
	有时候使用	913	4.06	1.024			
	经常使用	477	3.65	1.245			
网络行为规范	从未使用	6993	3.83	0.879	45.117	0.000	0.015
	不经常使用	742	3.74	0.908			
	有时候使用	913	3.74	0.966			
	经常使用	477	3.34	1.169			

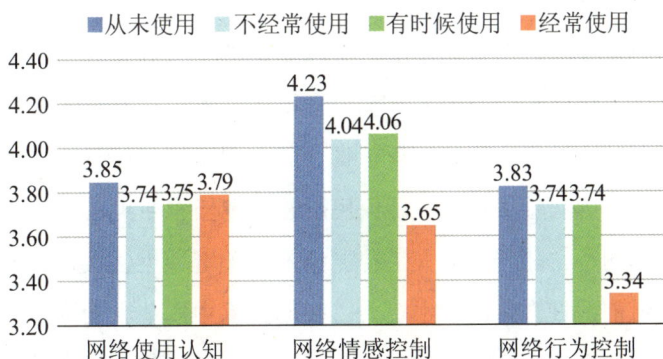

图 7-18 上课使用手机频率——网络价值认知与行为能力维度(5 分制)

三、提升网络价值认知与行为能力的有效策略

我们应该将网络道德与传统道德结合起来,采用多种方式培养青少年的网络价值认知与行为能力。这包括坚持开放思维,将社会主义核心价值体系与传统价值观相结合,使其在青少年的学习和生活中融合。同时,我们需要创新思维,根据青少年的特点,从孩子的角度出发,尊重并理解他们的需求,探索新的方法和渠道来进行网络道德建设,让社会主义核心价值体系融入他们的思想和心灵。此外,法治思维也至关重要。在推进青少年网络生活管理时,我们应该依据法治框架,进行科学、民主和依法

的管理，为传递网络道德价值创造良好的法治环境。

(一) 建立完善的网络立法和政府的宏观调控机制

法律是公民行为规范的基准。网络早已不再是一个虚拟空间，其存在于现实生活之中，同时现实生活也全然反映在网络之中，需要社会法律的规范。因此网络立法是解决网络暴力、树立网络行为规范的有效保障。2003 年中国互联网新闻信息服务工作委员会正式成立，新华网、人民网、新浪网、搜狐网等 30 多家互联网信息服务单位共同签署了《互联网新闻信息服务自律公约》，承诺自觉接受管理和公众监督，坚决抵制"有害信息"；同时，我国政府也积极地参与到网络发展的过程中，用现代法制规范网络。政府的参与和有效的网络立法已经发挥了重要的作用，在应对"网络暴力"这一问题中，法律和宏观调控的作用依然会十分重要。

逐步建立严格的网络实名制度。在网上的社交活动应遵守必要的法律规章，不能因网络匿名性而肆意妄为。对于违反实名上网规定的个人和企业，设立明确的处罚细则。网络实名制度不仅保护网民个人真实信息，还预防和打击网络暴力活动。

设立网络企业准入制度，明确监管职责，建立网络征信体系，加强对受害人权益的保护。规定具体的诉讼救济程序，确保民事赔偿责任得到实施。

特别值得一提的是，随着当下人工智能技术的关键性突破，相关的技术运用已经走出象牙塔来到人们的日常生活之中。人工智能技术中所蕴含的网络价值和行为的问题需要政府部门采取预见性的措施以减少其给青少年群体带来的不利影响。确保公平、包容和合乎伦理地应用人工智能的政策和法规，提升审查人工智能减轻或加重偏见的能力，揭示未知的风险，并减轻此类风险；测试人工智能工具，并确认其并不存在偏见，且已接受有关多样化(性别、残疾状况、社会和经济地位、种族和文化背景以及地理位置等)数据代表性的培训；培养重视公平、公正人工智能的理念，尊重这种多样性；重视人工智能应用程序中的性别偏见，监督用于人工智能技术应用开发数据的性别敏感度，激励促进性别平等的人工智能应用程序；制定数据保护法律，确保数据的收集和分析过程可见、可追踪，为谋求公共利益制定有关数据所有权、隐私权和可用性的明确政策；遵循专家组围绕更广泛的人工智能数据问题而制定的国际准则；遵守国际公认的伦理规范。

积极学习国外的先进经验。欧盟委员会在 2014 年投入 1199 万欧元，启动了"为孩子提供更好的互联网"(Better Internet for Kids，BIK)项目。BIK 项目旨在为儿童和青少年建立一个适合他们学习、探索、认知世界的网络环境，并通过组织会议、活动，让政府、平台、监护人和儿童参与进来。① 欧盟对未成年人的网络保护为我国提供了范例。加强青少年网络价值与行为认知与各国的文化背景密切相关。触网、用网的广度、深度、强度以及不同的文化价值观念，决定了不同文化背景下所使用的方式方法和理念，因此，我们要充分利用国外先进经验和成功做法，规范网络行为，修复网络生态。

（二）加强网络价值规范教育

针对青少年而言，网络规范与道德教育对于提升个人网络素养和培养良好的网络行为习惯具有重要意义。努力构建以家庭、学校为主体的教育督导系统，以改善青少年的社会化环境。作为中国网民主体的青少年，正处于社会化的关键时期，其成长环境势必影响网上社会的舆论生态。而家庭、学校作为他们最主要的教育场所，应该增进彼此间的沟通，共同建构起改善青少年社会化环境的教育督导系统，加强对他们的伦理道德教育，引导他们实现自我教育、自我管理，以提高青少年群体的网络素养。

一是要加强网络道德规范教育。首先，加强网络道德规范教育是关键。我们应该培养广大青少年对自身网络行为的责任感，使他们认识到权利与责任相辅相成，并引导他们自觉遵守网络文明，不发布不良言论、不传播不良信息、不破坏网络秩序，积极利用网络搜集有益的学习信息，从事有意义的事情。这样，广大青少年将成为具有强烈责任意识、既自尊又尊重他人的网络文明人。其次，树立诚信意识是至关重要的，我们要建立诚信的网络环境。即使在缺乏外在监督的网络空间中，个体也应自觉做到诚实守信。最后，要培养青少年的网络自律意识，使青少年能够在没有监管的自由状态下，自觉抵制不良网络信息的侵蚀，有效维护网络道德规范。

二是加强网络行为规范教育。从青少年触网开始，就应该及时对青少年群体进行系统而全面的网络行为规范教育，其中应当包括网络行为规范守则、网络行为指导以及网络安全教育等诸多内容。一方面，要告知青少年应该做和可以做的网络行为，使青少年的网络行为进一步规范化和文明化，涵盖在网络社会中所推崇和倡导的对他人和社会有益的各类网络行为，主要包括遵守各项互联网行为准则、尊重他人的情感、意见及隐私、尊重各类知识产权等。另一方面，要告知青少年在网络社会中不应该做

---

① 杨涌王，王旭仁：《未成年人网络保护的欧盟与中国政策对比》，载《网络空间安全》，2019（10）。

和不可以做的网络行为，使青少年远离各种不道德的网络行为，避免走入网络行为规范的禁区。具体化的表现主要有：利用网络制作或传播色情信息、窥视或盗取他人的网络信息、利用网络散布谣言，恶意诽谤、向他人提供虚假信息进行网络诈骗、攻击他人或集体的网络安全系统等；同时也要教会青少年在网络中保护自身信息以及财产的安全，加强自我防范意识和自我保护能力。

三是加强网络心理健康教育。青少年的网络心理健康问题日益严重，"网络成瘾症"、人际关系障碍以及人格障碍(攻击性人格、多重人格)等网络心理疾病时有发生，继而引发一系列网络道德失范问题。网络心理健康教育旨在帮助青少年远离上述心理疾病，摆脱由网络心理疾病所招致的网络道德失范行为，成为身心健康的网络文明人。

(三)构建家庭网络价值与行为教育计划

家庭教育对青少年的成长起着潜移默化的作用。对于网络素养教育而言，一方面，以血缘为纽带的家庭教育具有独特的感染性优势，家长对孩子的性格特点、行为习惯、教育状况、思想动态等相对较了解，他们的教育引导更具针对性。另一方面，家长的上网习惯会对青少年的上网行为产生直接的影响。

一是言传身教，规范自身网络行为。家长首先要规范自身的网络行为，提升自我网络道德感和责任感，如客观认识网络的利与弊，不能在孩子与自己使用网络时区别对待，从而使孩子产生割裂感。对于孩子的上网行为，家长不能一味地采用禁止态度或认为网络是"洪水猛兽"，也不能对孩子的网络使用行为放任不管，要理性看待，学会换位思考，了解孩子上网的原因和需求，合理引导。家长自己要在日常生活中做好表率，并主动学习和网络相关的一些知识，如新媒体的使用、网络隐私的管理、网络素养的内容等，从而更好地教育孩子。

二是注重沟通，构建良好家庭氛围。调研数据显示，青少年与父母讨论网络内容的频率越高，网络素养水平越高；青少年与父母亲密程度越高，网络素养水平也越高；父母干预上网活动的频率越低，青少年网络素养水平越高。整体而言，家庭氛围越好，青少年网络素养水平越高，家庭氛围一般的青少年，网络素养水平相对较低。

家长对于中学生的教育和引导，应该在平等的语境下进行，家长要学会换位思考、主动搭建起亲子沟通的平台，营造良好的家庭氛围，只有这样，孩子才愿意敞开心扉与家长交流，家长才能更好地了解他们的思想动态与所遇问题，更好地帮助孩子成长，也能及时监测到孩子是否存在遭遇或实施网络暴力的情况，提供及时的和正确的行为保护和心理疏导措施。

三是文明上网，引导孩子正确参与网络互动。青少年拥有利用互联网进行自由表达、参与网络互动的权利。家长要指导孩子文明上网，合理地利用网络进行知识学习、信息获取、交流沟通与娱乐休闲，积极参加网络上一些规范的学习社群和兴趣小组；教导孩子注意上网规范，不传播未经核实的信息、不侮辱欺骗他人、不浏览不良信息、不发表极端言论、不盲从站队等。家长应承担起榜样模范、陪伴引导的责任，教导孩子恰当利用网络为自己塑造良好形象，发现孩子在网络平台发布的内容不合时宜或有损自身和他人形象时及时提醒制止；教导孩子在网络世界同样需要遵守现实世界沟通的礼貌和准则，培养孩子在网络互动中的同理心和尊重意识，避免孩子参与或者被卷入网络欺凌和网络暴力事件中。

四是有效介入，适度干预孩子上网行为。在日常生活中，家长应关注孩子的网络体验，抓住对孩子进行网络素养教育的机会，指导他们正确认识网络上的信息，并帮助孩子分辨网络信息的真伪和价值。

五是共同学习，建设网络素养家长课堂。家庭教育是青少年网络素养教育中的重要一环，因此，家长应树立与孩子共同学习的观念，只有自身的网络素养水平不断提高，才能引导孩子更好地应对日益复杂的网络环境。对此，应建设网络素养家长课堂，以指导父母加强青少年网络素养家庭教育。

建设网络素养家长课堂的具体措施可包括：政府牵头开办网络素养教育培训班，帮助家长指导孩子如何正确使用网络，着重培养孩子的鉴别力；大中小学举办线上网络素养教育讲座和研讨会，为学生家长提供讨论与分享如何指导孩子使用互联网的在线交流平台；高校与社会科研机构等共同开发制定家长网络素养教育课程与指导手册；政府鼓励互联网信息供应商开发并推广绿色家庭上网系统，帮助特定年龄群体过滤不良信息等。

（四）提高网络道德感，理性交往

随着社交媒体逐渐渗透到日常生活的每一个角落，更多的新兴网络社交平台如雨后春笋般涌现。但网络社交和现实的社交本质上是一样的。网络社交中的许多非理性行为实际上是来源于网络社交的虚拟性，人们往往认为网络上的人不知道我是谁，那么我可以想怎么做就怎么做。现如今，各大网络社交平台均要求实名认证方可正常使用，在网络上的一些"隐私"是否能够得到有效的保护也需要打上一个问号，而且网络社交虽然具有一定的虚拟性，但毕竟是人对人的真实交流，网络对面也是真实的人，因此网络社交和现实社交本质上并无很大差别，己所不欲，勿施于人，青少年群体要知道互联网并不是可以随心所欲的地方。青少年群体需要积极主动地提高网络道德认知水平，树立正确的价值观念。正确的网络道德认知有利于大学生增强信息辨别能力和自律能力，以及对于网络负面信息的对抗性。

网络道德责任感在网络道德情感中占据核心地位，要引导青少年养成网络道德自律的品格，必须注重自身网络道德责任感的培养。首先，青少年要有主体意识。青少年要对自己在社会主义现代化建设中承担的重要职责有清醒的认识。青少年群体是祖国的未来，其自身道德素质水平的高低对于整个国家国民素质的高低有着重要影响，自己的网络道德表现对整个网络社会的发展会产生举足轻重的影响。自己失范的网络道德行为对他人、对社会和自身的健康发展都会造成不良影响，从而认识到担当网络责任的必要性。其次，青少年要积极思考。在网络交往与网络生活中，当体验到网络社会中甚至延伸至现实生活中的利益冲突时，青少年不仅要观察事件发展趋向，更要认真思考如何处理这一冲突。当遭遇网络暴力等失范网络行为时，要通过有意换位思考，从不同角度对事件做出分析，意识到失范的网络道德行为会产生的不良后果，这种道德情感可以有效遏制网络道德失范行为。反之，通过良好的网络道德行为所产生的安定、欢愉、自豪的正向的网络道德情感可以使大学生自觉坚持正确的网络行为，注重网络道德情感的自我培养，通过网络情感的积蓄和升华，自觉规范网络道德行为，并将网络道德行为内化为行。最后，我们应该发扬"慎独"精神，将知行合一贯彻于实践中。"慎独"意味着在独处时仍保持谨慎的态度，无论有无监督机制，始终保持良好的行为准则，它的核心在于自我约束、自我控制和自我规范。这是青少年在修养自身精神时应追求的最高境界，尤其在无人监管的网络社会中，自律显得尤为重要。

后 记

  《网络素养导论》是北京师范大学新闻传播学院未成年人网络素养研究中心的团队研究成果，基于青少年网络素养的问卷调查和《中国青少年网络素养绿皮书（2022）》，全面分析了网络素养和六大维度的影响因素，并提出了相应的干预策略，对于提升青少年以及教师的网络素养，培养合格数字公民，具有重要的理论价值和实践意义。

  参与本书撰写工作的老师和研究生有：绪论和第一章"网络素养测评与影响因素"（方增泉、祁雪晶、元英、秦月），第二章"上网注意力管理"（方增泉、修利超），第三章"网络信息搜索与利用"（方增泉、蒋宇楼、高冉、仝卫敏），第四章"网络信息分析与评价"（方增泉、刘山山、仝卫敏），第五章"网络印象管理"（季晓旭），第六章"网络安全与隐私保护"（祁雪晶、黎迁迁、秦月、普文越），第七章"网络价值认知与行为"（贾红），在此对团队成员的辛勤付出表示衷心的感谢。

  我们始终认为，提升网络素养是一项任重而道远的公益事业。本书权作抛砖引玉，敬请各位专家和读者批评指正，以便我们更好地改进。

方增泉

2024 年 5 月

说　　明

　　本书配有相关立体化数字教学展示资源，请有需要的教师、学生发送您的需求到以下邮箱进行咨询。

　　联系邮箱：897032415@ qq. com

　　联系人：李编辑